翻阅体验 →

用户体验最佳实践：

中国用户体验设计大赛
作品精选

（第一季）

钟承东　　主编
UXPA 中国　编

中国建筑工业出版社

图书在版编目（CIP）数据

用户体验最佳实践：中国用户体验设计大赛作品精选（第一季）／钟承东主编；UXPA中国编. —北京：中国建筑工业出版社，2017.2

ISBN 978-7-112-20212-6

Ⅰ.①用… Ⅱ.①钟… ②U… Ⅲ.①建筑设计－作品集－中国－现代 Ⅳ.①TU206

中国版本图书馆CIP数据核字（2017）第004437号

责任编辑：李成成　吴　绫　李东禧
责任校对：王宇枢　焦　乐
策　　划：李成成　李东禧　焦　斐
数字编辑：汪　智　李成成　甄　毅　魏　鹏

用户体验最佳实践：
中国用户体验设计大赛作品精选（第一季）
钟承东　　　主编
UXPA中国　编

*

中国建筑工业出版社出版、发行（北京海淀三里河路9号）
各地新华书店、建筑书店经销
北京锋尚制版有限公司制版
北京顺诚彩色印刷有限公司印刷

*

开本：880×1230毫米　1/16　印张：14½　字数：277千字
2017年9月第一版　2017年9月第一次印刷
定价：98.00元
ISBN 978 - 7 - 112 - 20212 - 6
　　　　（29632）

中国用户
体验设计
大赛

简介   →

中国用户体验设计大赛（UXD Award，以下简称"大赛"）起始于2009年，由UXPA中国（用户体验专业协会）主办，是国内第一个也是目前唯一一个针对用户体验的设计比赛。

大赛面向高校学生群体，同时联系学校、企业一起合作开展。大赛提倡UCD（以用户为中心的设计）理念，要求学生模拟企业产品项目团队，配备产品经理、用户研究员、视觉设计、交互设计、前端开发等职能的同学组队参加，完成符合用户体验标准的产品设计。

大赛邀请资深的行业专家担任评委，在用户需求分析、概念设计、概念验证及优化、详细设计及原型制作等阶段作出评审以及意见指引，是一个以教育为目的的晋级制比赛。

大赛背景   →

说起设计大赛，行业内有很多。有名的诸如德国Red dot、IF奖，美国的IDEA奖，可以说是设计领域的明星赛事。一些国家或地区为了促进设计的发展，也举办了一些很有影响力的成功赛事，如日本的Good Design Award，韩国的Good Design Selection，我国台湾的金点设计奖等。

而咱们国内，也纷纷推出了一些设计奖项，如红星奖、红棉奖、长江杯、芙蓉杯等。可以看到这几年各级政府的重视以及设计行业的蓬勃发展。设计比赛对于设计产业的推进起到了非常大的助力。

我读书的年代，还远没有现在这么多机会参加比赛。不用说参加国际的比赛，甚至连国家级省级的都不敢奢望最多参与一下校内或系里组织的，视野及实践也远不如现在的同学们。

近几年，面试或者到学校做校招，经常看到一些应聘者或应届生拿着厚厚的作品集，其中不乏一些获得国内甚至国际的奖项、名次的。欣喜地看到众多未来"设计大师"涌现的同时，也开始有些担忧，这些奖项是不是也开始泯灭于大众，并沦为"路边摊"了？

八年前，用户体验的重要性逐渐被大家认识，但如何实施用户体验，如何做出用户体验好的产品，仍处于认知参差不齐、不断摸索的阶段。高校老师不知道该如何开展教育，企业里也不知道该找什么样的人，如何进行实践。因此，我们（UXPA中国）认为有必要做一些事情。于是，以"引导高校教育，促进企业实践"为宗旨的"中国用户体验设计大赛"就顺理成章地诞生了。

和其他以评奖为目的的比赛不一样，我们更加重视过程的参与，用每个阶段的晋级来引导参赛团队去认知及实践。虽然最终我们也会有名次和奖项产生，但更多的是为了树立用户体验执行的标杆。即便最终没有获奖，参赛团队经历的学习过程也是十分有意义的。

大赛流程　→

我们说中国用户体验设计大赛是第一个关注用户体验本身的设计比赛。因为我们对于设计对象并没有一个限制，可以是产品硬件

设计，可以是客户端软件或移动APP、网站甚至可以是一个系统，也可以是一个店面或某个物理环境，或是某个事件或服务。总之，我们关心的是如何发现用户需求，以及设计一段"体验"去更好地满足用户。这段体验的承载体可以是各种形态，也可以是多种形态的组合。

我们也说中国用户体验设计大赛是第一个贯穿UCD的赛事。因为一般的设计比赛都是设定一个投稿时间节点，让参赛者按照要求提交作品，然后给出最终结果。但我们和其他的设计比赛不一样，整个大赛极为关注UCD（user-centered design）过程。整个赛事周期超过6个月，采用层层晋级的方式，在UCD体系的各个关键环节，如研究和分析阶段，概念设计阶段，验证和优化阶段，详细设计和Demo阶段，都加入相应的评审。通过评审才能进入下一个阶段。评审形式这几年也不断演进变化，网站在线评审提交，多人电话答辩、微信答辩以及面对面评审等多种形式开展。目的是为了让参赛团队能够在这个过程中，把握各个

环节，从用户痛点挖掘到产品落实，始终审视用户需求的贯穿。

近年来，因为学校教育及认知的逐渐成熟和普及，大赛流程也在调整，从原来更关注过程开始演进为结果和过程并重，并逐渐加大对结果应用的考量比重。同时，为了让更多的参赛团队走完整个UCD流程，减少中间环节的评审环节，如将研究和分析环节与概念设计环节合并，验证优化环节与详细设计环节合并。但对输出物及评审要求上仍然按照完整UCD体系来进行，中间文档一个也不能少。

大赛流程的历次演进，也意味着对用户体验认知的提高及应用的不断成熟。

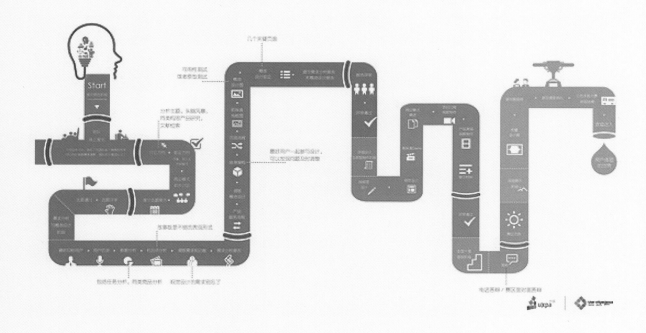

大赛评委　　→

我们的评委都来自各大企业用户体验领域的专家或管理者，有丰富的项目管理及创新实践经验。他们从企业实际应用的角度给予点评指导，帮助团队以练代学，真正体会、实践UCD的理念和方法。大赛评委的要求是专业工作经验6年或以上，企业或组织内部任经理或同等级别及以上的人员才能作为评委。因为我们认为用户体验是一项系统工程，不是某单方面的功能、技术或者设计。而只有到一定级别，才能真正从一个全局的角度去看待产品或业务。

大赛被业内同仁广泛接受并得到他们的积极响应。目前评委资源池已经达到90多名。随着大赛进一步的发展，未来将会扩充非用户体验专业范围，但又涉及用户体验息息相关的其他领域专家，如市场的、品牌的、投资的、技术的等，以进一步完善对用户体验的全方位引导。

参赛团队　→　用户体验是一个跨专业领域融合的综合性学科。因此大赛从赛制设置上就一直倡导多专业、多角色的项目合作。

大赛要求学生自行组队参赛，每队5人左右，不允许单人报名。分工建议按照完整项目团队来安排，包括但不仅限于：项目经理（队长）、用户研究员、设计师（含交互设计、视觉传达或工业设计）、前端开发工程师（Demo编程与制作）等。

队员的组成也建议考虑学科与专业的多样性，包括但不仅限于：设计类（工业设计、平面设计、多媒体设计等）、研究类（心理学、社会学、数据分析等）、研发类（计算机、信息工程等）等相关专业的同学；鼓励跨专业、跨院系甚至跨校际组建参赛团队。

近几年，可以看到参赛学生的学科从原来的设计类专业开始延伸到人文类、计算机类，学科丰富性越来越明显。更为欣喜的是，我们看到某些团队在参赛过程中，超过赛事本身的要求，根据需要自发地引入了金融类、市场类等专业的同学，充分反映出对跨领域合作的理解及应用。

大赛主题 →

大赛主题是历年来组委会首要考虑的。为了符合行业趋势，真正做到促进企业实践，每年的主题都经过深思熟虑。每年年初，大赛组委会会向各大企业发布命题征集，请企业界的朋友提供本企业关注的热点，然后组委会再通过聚类、总结和整理，最终输出当届主题。

我们来看看前几届的主题。2012年是"线上到线下——享受无缝生活"，2013年是"联连看——体验联动生活"，2014年是"自然·跨界——创造无限可能"，2015年是"及智——缔造真正的智能产品"，2016年是"数·智——数字生活，智慧绽放"。可以看到，每年都能紧跟热点或趋势，但又能正本清源，通过主题诠释及赛事引导，让大家能真正认知到该热点背后的倡导，从用户体验的角度对这些趋势进行分析及应用。

随着用户体验覆盖的行业越来越多，我们的主题也开始有所垂直化。除了一个宏观的热点主题之外，从2015年开始，我们开始尝试设置行业垂直的细分化的子主题，试图将各个代表企业所关注的方向纳入到大赛中，因此引入了企业命题的机制。历年来，参与企业命题的企业有TCL、大众点评、返利网、唯品会等。也欢迎越来越多的企业关注用户体验，提供企业命题，也许企业也会有不一样的收获。

参赛团队 →

用户体验是一个跨专业领域融合的综合性学科。因此大赛从赛制设置上就一直倡导多专业、多角色的项目合作。

UXDA 2009（21支团队）
可持续发展的网络
社区

UXDA 2010（42支团队）
移动互联网时代的
——未来体验设计

UXDA 2011（186支团队）
移动你的生活

UXDA 2012（199支团队）
线上到线下
——享受无缝生活

UXDA 2013（280支团队）
联造看
——体验联动生活

UXDA 2014（385支团队）
自然·跨界
——创造无限可能的用户体验

UXDA 2015（439支团队）
及·智
——塑造真正的智能产品

UXDA 2016（381支团队）
数·智
——数字生活，规划智慧

大赛要求学生自行组队参赛，每队5人左右，不允许单人报名。分工建议按照完整项目团队来安排，包括但不仅限于：项目经理（队长）、用户研究员、设计师（含交互、视觉或工业设计）、前端开发工程师（Demo编程与制作）等。

关于本书　→

伴随着行业的不断发展，大赛也历经了9届。在此期间，赛制不断调整，用户体验的方法论及流程体系也逐渐成熟。我们欣喜地看到，参赛团队在实践中成长，在磨炼中成熟。一个个成为用户体验行业的生力军，甚至某些成员已经成为所在企业的骨干，发挥着核心作用。

学生团队一届届下来，虽然参赛人数和参与的高校越来越多，但受限于大赛的支撑能力，能够支撑的团队及覆盖的高校数量始终是有限的。按照大赛的赛制，在每个UCD的关键环节中层层晋级，真正能走完全程的参赛队伍是有一定数量限制的。如果要增加规模，势必要对评委资源、赛事组织资源提出更大的挑战。目前大赛平台难以做更大规模的支持。

我们大赛组委会一直有一个愿望，希望能够将大赛所倡导的流程、机制、方法更为广泛地传播，能够让更多的从业者或即将加入的准从业者们能感知到，什么是以用户为中心的设计，输入输出有什么关键点，具体方法执行又有什么注意要点等。因此正式出版一本书籍成了我们的首选。

曾经大赛每年会出一本作品集，但仅仅是作品的呈现，其中对于表现赛事过程中的引导十分不足，无法真正表达我们的倡导。

曾经也发生过一件让我们极为愤怒的事情。某一家培训机构，盗用大赛的相关内容甚至学生的参赛作品作为其培训成果，以此来吸引学员并收取高额培训费用。在提出严正抗议和交涉的同时，我们认为也应该要正本清源，让更多的人了解并实践大赛倡导。

因此，早在2013年，就已经开始策划出一本既能展现参赛学生的风采及成果，又能对UCD思想、流程及方法做引导及传播的书籍。当时初步和某出版社进行洽谈，相关提纲都已经整理，且已经邀请了多名行业专家加入编撰团队。但非常可惜的是，当时策划的内容只有少部分是对已有大赛产出的整理，而大部分内容是对UCD流程、方法等结合参赛案例对各个细节的归纳和重新撰写，工作量很大，对于日常工作已经很忙的这些行业专家而言挑战极大。因此编写计划一拖再拖，最后非常遗憾地不了了之。

而这一次，非常感谢浙江大学工业设计罗仕鉴教授的引荐，在中国建筑工业出版社的焦斐先生的大力支持下，我们对出版一本书籍的愿望之火又被重新点燃。

此次采用互动式书籍的概念，即读者可以欣赏书籍中的作品，也可以阅读到参赛过程中的点滴经验以及评委点评，更进一步的话，也可以扫描书籍中作品的二维码，直接链接到互联网平台上，与该作品的参赛团队成员、评委、指导老师进行线上的互动。这种形式既新颖，又能达到我们的目的，且对于实际编写的要求不高，对于实体书内容的编写工作量也大大降低。

因此一拍即合，有了这本书籍的诞生。

说起这本书的名字——《用户体验最佳实践》，而不是叫某某作品集，是因为我们希望这本书是一本UCD实践的经验总结，是从教育到企业的实践演练。且这个是长期的、延续的、每年会结合大赛的进行出版的一本实体书，而线上平台也希望成为连接学生、指导老师、评委以及关心的从业者们的纽带。

因为是第一次尝试这种模式，时间也很紧张，从作品收集、选择、编排到校稿，来来回回往返了多次。中间难免有一些不足之处，还望拿到这本书的读者多多包涵。也希望有更多读者因为这本书，去关注我们的赛事发展，或对赛事建议。

最后要特别感谢深圳职业技术学院的陈鹏老师认真负责地协助排版设计，也感谢其他参与到大赛的各个评委、指导老师以及参赛的学生们，是你们让大赛有了前进的动力！

祝愿用户体验行业发展越来越好，也祝愿用户体验让生活更美好！

中国用户体验设计大赛总策划
UXPA中国副主席
金蝶蝶金首席用户体验官
2017年1月于深圳

序言一

近年来，可以更多地感受到用户体验被企业重视。我院工业设计专业的毕业生80%的就业去向都是从事交互设计、界面设计等用户体验岗位，因此可以看见市场对用户体验人才的渴求。

虽然我本人是从事设计教育的，但仍然深切感受到高校教育与企业实践之间的偏差。

高校关注并传授的是方法、理论，而用户体验理论体系才刚刚形成，高校相关的应用教材缺乏；高校老师大多缺乏企业实践经验，而用户体验是一门实践型学科，需要深入的应用能力。

因此，我院也不断引进有企业工作经验的人才任教，同时也鼓励学生参加各类比赛丰富实践能力。虽然不乏红点、IF等国际赛事的参与，但我们一直持续关注UXPA中国主办的"中国用户体验设计大赛"。连续多年协助主办方的进校园活动，鼓励我们的老师和学生参加这个比赛，并多次在大赛中获得好的成绩。2016年我们获得UXPA中国授予的"联合实践基地"的称号。

这个比赛赛制融合了UCD的理念，既重视产出结果，也强调设计过程。邀请了众多企业的专家，按照用户体验的关键阶段进行晋级式评审。这个非常符合我们对用户体验理论实践结合的教学思想。从多届参赛学生反馈来看，效果是十分显著的。既能理论实践结合，又能和企业专家直接沟通交流，是一个进入社会前的良好的练兵机会。

很欣喜地看到用户体验设计大赛的作品能够集结成册。本书不仅是一个优秀作品集，更融合了参赛团队的执行过程描述、参赛心得体会以及来自企业专家的优秀点评。这能让读者不仅欣赏作品中用户体验的魅力，更能从这些经验心得中进行思想的碰撞。

期待更多的高校师生能够从中有所启发，期待更多的企业界朋友关注用户体验教育和实践的结合。也预祝大赛越办越好，不仅在中国，更要成为国际顶尖的赛事！

何人可　　→　　教授，博士生导师。主研工业设计史及设计战略。现任湖南大学设计艺术学院院长、教授，教育部高等学校工业设计专业教学指导分委员会主任委员，中国工业设计协会副理事长，湖南省设计艺术家协会主席，中国机械工业教育协会工业设计学科教学委员会主任委员。中国工业设计红星奖评委主席，德国红点设计奖评委。

序言二

用户体验设计大赛是当今用户体验学习者最佳的学习途径之一，此大赛的特色为：不只评审设计结果，更重视设计过程的思考与逻辑，透过一关一关的阶段任务，参赛者可以深入用户体验设计的核心，从用户需求出发，透过界面与流程的思考，最后完成符合用户体验的设计成果。对于想要从事用户体验的学生，以及想要精进用户体验的新手，除了参与赛事之外，似乎没有其他的管道可以一窥此比赛的精华与成果。

所以，当知道UXPA将出版《用户体验最佳实践——中国用户体验设计大赛作品精选第一季》时，迫不及待地阅读其内容，一一翻阅其中精彩的案例，果然是极具参考价值，可以启发更多对于用户体验专业思考的读物。

书中包含几个项目，首先，项目与团队介绍，可以了解如何建立起一个具有创造力与实作能力的平衡团队，更可以发现不同学校内对于用户体验具有专业知识的老师与学生，作为日后学习与合作的参考。作品详情是本书的精华，透过不同团队对于设计题目的思考与诠释，可以看到不同类型的流程（flow）、框线图（wireframe）、界面视觉设计（UI）、界面互动（interaction）与创意展现，一个一个案例细细品味，可以发现到不同设计风格的展现，以及不同问题的解决方式，这样个案式的学习方式，十分适合用户体验设计能力的开始与深化。

用户体验设计大赛的另一个特色是，大量的专业从业人员参与设计过程的点评，参赛学生透过点评可以更准确地掌握到专业的观点，以往只有参赛的学生可以感受到的点评学习强度，透过本书可以充分感受，并加速缩短到达专业水准的历程。透过每个案子的评委点评，读者可以更快速地学习到如何分析用户体验设计的优劣，培养更专业的眼光，进而实践于自己的设计方案中。

《用户体验最佳实践——中国用户体验设计大赛作品精选第一季》的出版，代表的是用户体验教育的新的里程碑，透过经验的记录与反省，我们将能更快速地修正教育方式与提升专业水准。本书的案例都是透过众多的参赛者与点评老师点点滴滴累积而成，作为用户体验大赛的指导老师与参与者，在此推荐给所有的用户体验学习者，相信可以为您带来思维与技法上的精进，深化用户体验设计能力。

唐玄辉　　→　　用户体验大赛金奖指导老师
台湾科技大学教授
龙吟研论体验创新顾问
UXPA 中国理事

推荐语

姜旭博

TUV NORD
亚太用户体验总监
+
UXPA 中国华南分会委员

在各种创业、融资、走上人生巅峰的成功事迹充斥于各种媒体的今天，很庆幸还有机会能看到一群人仍旧秉持一种单纯的信念，做纯粹的事情。坚持心中对用户体验的执着信念，尽管过程生涩以及不乏闭门造车的固执，却带给我莫名的感动。那不就是我们曾经初涉此行时的模样？走得太久了，看看这群满怀信念的人以及他们所做的事情，提醒自己不要忘记自己最初的目标。不是鸡汤，而是略显青涩的初茶，回味以后会更加坚定自己在用户体验这条路上走下去的功力和信心。

王华

TCL 多媒体 TV
运营与规划中心总监
+
UXPA 中国华南分会
副会长

UXPA是推动中国用户体验真正从专业化的理论到实践的高水平大赛，覆盖了全国绝大部分的设计类专业高校，无论是对人才的培养还是对企业的人才输送都起着非常重要的链接纽带作用，同时每年的大赛都能爆出优秀的参赛选手和参赛方案，为企业输送着源源不断的优质资源和创新的灵感。

当今中国，用户体验虽然在很多企业还有非常远的路需要走，道路坎坷，但大赛培育的人才是不断推动用户体验向前、向正确的方向发展的重要力量，我也相信，这更是大赛肩负的使命和愿景。

无论是参赛的选手，还是指导老师和评委，在每年的大赛过程中，也是一次对自身知识和判断力的提升，与时俱进发现新世代的新事物，在设计案中彼此碰撞新想法，保持对设计和体验工作的热诚，让中国真正能够产出用户体验绝佳的产品。

王路平

阿里云 UED 资深专家

此本用户体验的实践手册，是汇聚了参与UXPA大赛的海峡两岸及香港高校学生组成的团队结合学理与实践所制成的新鲜的、有参考价值的体验设计作品，有着初出茅庐者的热情与野心，有着青年人对科技与商业的新颖目光及社会关注的情怀。同时，通过资深评委的分析与点评，也可以发现其实践中稚嫩的方面。我认为，校园是一个Cosmopolitan（世界主义）的场域，是涉猎与酝酿思维之所。这些学生团队的作品，便是展现了在学理领域里一些最"in"的东西，是如何尝试投入到商业市场的运作中，为用户所体验的。在这个方面，这本选集具有十足的指导和传播意义。

刘胜强

中国电信广州研究院
消费者实验室主任
＋
中山大学传播与设计学院
硕士研究生校外导师
＋
UXPA 中国华南分会副
会长

诺曼作为用户体验概念的创立者，提出过很多的理论和方法，但遗憾的是没有代表性的作品；乔布斯，从来没有公开提及过方法和理论，只是拿出用户体验最佳的作品，证明用户体验的力量。用户体验是一门实践科学，作品说明一切。所以，说再多的工具、方法和理论，都比不上动手去做一次实实在在的用户调查研究、画一画交互原型、写一写代码。《用户体验最佳实践——中国用户体验设计大赛作品精选第一季》就是这样一本把工具和方法运用到实践中的最佳范例，对于正在踏入用户体验这个专业领域的从业者来说，这是一本值得一读的实践指南。

李满海

中兴用户体验设计中心
设计总监
+
UXPA 中国理事
西南分会会长

中国用户体验设计大赛的宗旨是引导和促进教育，邀请资深的行业专家指导、帮助参赛的学生团队，从需求分析到概念验证，从原型设计到作品呈现，注重整个设计过程的实际操练。本书从历届上千个作品中挑选出最优的50个作品，完整展现每个作品从无到有的设计历程和背后的团队故事，对于促进中国设计教育改革具有伟大的价值。我愿意将本书的出版，看成是中国设计推动社会进步的一个标志性事件。

刘亚军

腾讯 MIG
用户研究总监

近几年，我们回顾国内各行各业的瞬息万变以及用户体验行业的极速发展，相信大家已经认识到体验对于一个产品的成功来说是至关重要的。我们无法将体验与产品进行清晰的分割，用户体验更像是一种以方法、经验结合的设计研究，用于指导产品、设计、运营和市场等不同角色的一种思路。从企业的角度来思考，非常欢迎新加入体验设计行业的同学们具备更多自我学习、思考和分析的综合能力，这也是各位同学专业能力提升的必备素质。那么，大家除了掌握体验设计的方法以外，需要更多的实践，进行反复思考与总结，从中提炼更多的经验。这次大赛，是指导大家实践的一个非常有效的途径，通过与评委、参赛团队的交流学习，无疑也能更快地丰富大家的思考与经验，所以非常感谢UXPA协会为企业和高校搭建了这么一个更充分的交流平台。

郝华奇

华为终端
UX 系统设计部
总监
+
UXPA 中国
华南分会委员

我担任用户体验设计大赛评委已经有四个年头了，每年的参赛作品就像风向标一样，反映了当时的用户体验走向，从出版的这本作品集就可以看到明显的趋势。大赛的重点环节有三部分：选题、设计、点评提升，把握这三个环节就能够把握设计精髓。实际上，在企业、在公司从事设计也是关注这几个环节。独到的命题眼光不仅仅能够打开市场，同时也是创造机会。这本作品集里面也详细介绍了每个优秀案例在这三方面是如何开展对应工作的，是我们借鉴的宝贵资源。每一位阅读该作品集的读者都可以发现成功作品上的闪光点。

评委介绍 　（排序不分先后）

张挺
上海艺土界面设计
用户研究总监

李娟
成都简立方
创始人兼设计总监

栾昊
优酷用户体验设计
中心
设计总监

邓俊杰
金蝶首席用户体验
架构师
设计总监

吕静
中兴通讯
UR 高级分析师

李忠滔
TCL O2O 酷友
网络
平面设计部负责人

刘胜强
中国电信广州研
究院
实验室主任

吴海波
美利金融集团
用户体验设计总监

陈华
联想上海研发部
主管工程师

王建
华为用户体验专家
＋
UXPA 中国理事
华南分会会长

张健
美的集团热水器事
业部
UI 总监

张林娟
青岛海尔多媒体
体验研发经理

刘臻
智联招聘
资深用户研究员

秦强
霍尼韦尔航空航天
集团
用户体验部门亚太
区负责人

杨延龙
咪咕数字传媒
用户体验设计中心
经理

王华
TCL 多媒体 TV
运营与规划中心
前总监

欧阳雷
青橙 lime 创意设计
中国区创意总监

杜浩鹏
TCL 集团－惠州酷友
产品视觉设计组主管

郭择融
上海艺土界面设计
市场部总监

吴迪
唐硕体验创新咨询
合伙人＆北京
studio 总监

刘彦良
可来音乐
产品总监

傅小贞
蚂蚁金服财富线
UED
高级交互设计专家

曹蔚
HolaTAG
用户体验总监

欧阳俊遐
摩崇科技
用户体验设计总监

王红军
华为终端公司
交互设计平台主管

赵彭
陆金所
高级交互设计师

刘黄玲子
英特尔
用户体验研究员

高闻嘉
携程金融事业部
交互设计专家

陈书仪
台湾铭传大学
助理教授

李小成
乐视 UEI 研发中心
高级视觉设计经理

王军锋
西南科技大学
博士

 李嘉
SPA 中国研究院
UX 设计专家

 李苏晨
京东
高级设计经理

 乔立
猎豹移动
用户体验部总监

 秦占雷
新浪微博
设计中心负责人

 曾帆杨
VIADNA
用户体验总监

 郝华奇
华为终端
UI 设计部主管

 董阳
陆金所 UED
交互设计负责人

 姚远
卓奇设计
创始人 / CEO /
首席体验总监
+
UXPA 中国理事
华东分会会长

 戴士斌
光宝科技
UX/UI 专家

 卜子力
金蝶用户体验部
架构师 / 总监

 贺炜
美味不用等
用户体验副总裁
+
UXPA 中国副主席

 陈峰
思爱普 SME
引导视觉设计师

 罗丹
唐硕咨询
UX 高级体验设计师

 陆林轩
陆金所 UED
交互设计总负责人

柳科
小牛科技（小牛电动）
智能产品总监

江宗哲
IBM Studios
资深 UX 设计师

陈冠伊
阿里巴巴
服务产品及数据技
术中心前 UX

谢旻谚
深圳一加手机
用户体验设计部长

薛嵘
华为消费者 BG
手机产品设计总监

张博
阿里巴巴 – 高德
交互设计专家

曾俊豪
阿迪达斯体育电商
用户体验总监

颜显进
夸克
CEO/ 体验设计师

朱洁
特约设计师 /
自由设计师

郭晓波
问卷网
总经理

曹稚
Autodesk
资深 UX 设计师

戚馨文
阿里国际 UED
高级设计专家
UXPA 中国代主席

俞峰
同程旅游
UED 负责人

李威
爱奇艺北京 / 上海
用户体验中心负责人

刘云天
金蝶
大数据首席体验师

刘书言
小牛科技
首席体验官

 王柳
华为终端公司
消费者洞察技术专家

 王路平
阿里云计算 UED
用户体验高级专家

 刘洋
TCL 多媒体
设计管理部长

 刘颖
英特尔
首席用户体验研究员

 邵维翰
京东体验设计部 JDC
设计总监

目录 （注：排序不分先后）

金 金奖　银 银奖　铜 铜奖　二 二等奖　三 三等奖

广州赛区 ⌄

上海赛区 ⌄

北京赛区 ⌄

十强 >

台北赛区

长沙赛区

成都赛区

广州赛区

上海赛区

北京赛区

DETAILED
DESIGN REPORT
BRAND GUIDELINES

DESIGN FOR TANGLED DISEASE.

App
Innovation for
Save the tangle

就他-拯救纠结患者的搭配神器

Help me
Reliable
Convenient
Efficient

INSTRUCTOR

张凌浩 /

指导老师

App Design
The Matic Studies

UXPA design
2016
–

MEMBERS

安景瑞 /
项目经理

程 杭 /
交互设计师

姜 颖 /
视觉设计师

王发家 /
前端工程师

吴剑斌 /
用户研究

杨宜欣/
交互设计师

INTRODUTION

项目简介

你是"纠结患者"吗？收藏夹宝贝数不清却不知买什么，商场里眼花缭乱却无法判断选哪款，"纠结"是默默在生活中消耗我们精力、浪费我们金钱的小妖精，我们将目标锁定了"穿搭"这一关键词，专为纠结在琳琅满目的服装之间的你提供高效、数据化的指导建议。

"就他"充分利用大数据的参数化、智能化，从建立用户身体数据模型开始便为用户提供更加量化、可视化的效果展示，并通过网络投票形式广泛收集数据，经过对数据的分类筛选，从不同维度为用户提供参考意见。大数据的运用也使得商家对市场有进一步的针对性评估，为厂商提供准确的趋势分析。

POSITION

产品定位

针对纠结患者挑选搭配衣物类的一款观点图谱类软件

适用人群	产品特色	使用场景
购物纠结患者和喜爱搭配的购物者	通过身体数据输出模型进行建议选择	A 纠结于网上购物到底选哪件 B 不同场景下服装搭配犯难

主要功能	目标用户	用户目标
基于大数据挑选场景的信息互动	所有纠结于服装的选择与搭配的人群 喜欢购物、热爱网购的群体 喜欢新鲜事物、热爱生活、关注潮流的群体	A 摆脱购物纠结，更快更好的网上购物体验 B 摆脱搭配纠结，不同场景服装搭配不再犯难

01 前期概念设计

User
前期目标

热爱网购而选择困难的收藏夹达人

热爱购物但预算有限，不会选衣服，需要大家帮忙

Position
需求定位

希望得到大家的建议和认可
轻量化的操作
及时有效的结果
个性化的服装搭配指导

救他，救她，就是

Transfor
需求转化

大众投票
快速简单
多维度数据分析
量体展示
大数据搜索
需求数字化反馈

02 使用场景

a. 周末就爱在家玩"就他"，不会选择的少年，我来拯救你

b. 在两张照片中去掉自己不满意的一张

c. 经过至少四次比对后最终留下一张相对满意的

d. 选择是否确认推荐本套装

e. 选择完一组照片之后跳转到下一组照片

f. 10组照片评价后出现等待提示

g. 1h后体力值满格

03 系统图

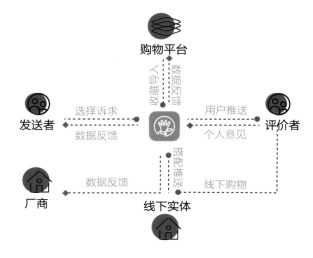

评委点评

综合评价

贺炜
UXPA中国副主席
美味不用等用户体验
副总裁

当我作为线下评委参与到上海赛区10强赛评选的时候，才第一次真正见到了MATCH团队的成员。很难相信就是这样一群现在就读大三（参赛的时候还是大二的下学期）的设计学生的作品完整度居然有这么高。从问卷中发现用户最纠结的痛点，到用数据来生成产品的Persona；从用户旅程（User Experience Journey）的挖掘，到调研卖家头痛的问题和如何得到更多的用户。这一步步地深入，不正是用户体验最核心的价值"以用户为中心的设计吗"。除此之外，MATCH 团队也是第一支我在报告中看到评估产品市场有多大的团队，他们已经学会了如何用一颗商业的头脑来看待一个产品。从他们的参赛作品中，我丝毫看不出这是出自于一群大三的学生，同时也不得不感叹江南大学设计学院对大赛的重视和培养出学生的质量。如果非要我指出这个参赛作品需要改进的点，我觉得是"成也萧何，败也萧何"。整个作品太稳健，从视觉上和交互上失去了亮点，我更愿意相信这个作品是出自百度等大型互联网公司的成熟团队。如果能从交互模式和视觉上再有点突破，将会给这个产品增色不少。

学生感言

首先，非常感谢UXPA组委会给予我们这次机会参与用户体验交互比赛，从收集资料、发现问题到方案解决的整个过程中得到了历练并且收获很多，将专业知识融入实践中，在解决问题和综合能力提升的同时更深刻体会到一个团队的凝聚力和协作能力。在项目进行的过程中，在很多节点上都碰到了一定的瓶颈和困难，起初项目进行是很艰难，但是因为有各领域的大神和老师的帮助，还有项目成员的相互协作和共同努力，解决了很多难题，以至有了现在的成绩。所以，在此感谢张凌浩老师给予我们的耐心指导，在关键性节点给予纠正并引导我们走向正确方向。同时，还有各大公司的设计师给我们的交互稿和视觉效果图提出了很多建设性意见和在比赛过程中评委老师给我们提出的建议。

在大数据时代背景下，设计驱动创新是我们不变的目标，通过这次比赛的参与和项目实践，更使我们深刻体会到将生活中的现象和问题通过系统创新整合再设计，不仅能解决实际问题，同时更具有商业价值，这是我们在整个过程中最大的感悟。在即将进入总决赛之际，除了激动和兴奋，更多的是有了继续前进的动力和自信。我们会继续深化调整，尽我们的努力画上一个完美的句号！

"思路" 走在思念的路 上

逝者如斯，未尝往也

思路

思路 让数据续写记忆

入

以"死亡"为研究主题，基于社交网络大数据、LBS定位、用新的表现意向与象征意义，成为一款充满阳光的App，帮助人们在纪念、缅怀逝者的同时走向新的生活。

田星宇
项目经理

吴越
用户研究

朱艺伟
交互设计

杨兆楠
视觉设计

汤章辉
多媒体设计

林友松
产品开发

思线　思路　思绪

思 线

账号验证后，通过对逝者相关的社交网络数据公开信息进行大数据整合，以可视化、时间轴形式展示与归纳。

社交数据再利用，拒绝未来浪费。

思 路

利用逝者生前的LBS定位，探索共同记忆中"失落的宝藏"，在路程中与逝者的信息互动，创造新的纪念方式。

用旅行纪念，在行走中敞开心扉。

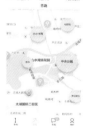

思 绪

思念半开放空间，心事留言板，星空纪念册，匿名分享思绪故事。

私密社交，互相鼓励，共同纪念。

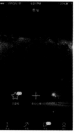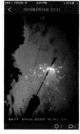

评委点评

综合评价

李宏汀
UXPA中国理事
浙江理工大学心理学
系主任

正如生龙活虎的人不会感受生命终结的抑郁，享受四季的人不愿触碰死亡的话题，本项目难能可贵的是，作为一群风华正茂的大学生组成的参赛团队，勇于面对死亡这样的禁忌话题，并且利用社会交往数据和情感思路地图来对逝者的离去进行重新定义，通过一个类公益性的产品为生者提供一个从心理上弥补遗憾和更好地进行缅怀的途径，无疑具有极大的社会意义。

从该项目成果中可以看出团队成员基于用户体验思维，在用户需求分析、交互流程设计、视觉界面呈现等方面进行了较为充分的思考和尝试。如果在对死者隐私保护方面以及社交数据挖掘和利用算法方面有更完善的考虑，将会为该产品未来实际落地提供更大可能。

总之，诚如作品所言，在思念的路上，让生者更加坚强。

学生感言

从比赛开始至今，Tryangle团队收获了太多，同时得到了太多的帮助，真诚感谢每一位给予我们帮助与支持的人。郑重道一声：谢谢！

感谢辛向阳教授的指导，从开始的一次次否定到后来的逐步肯定，辛老师让我们将产品需求定位上升至"社会价值"层面，使产品方向更加明确。感谢企业导师：腾讯SNG的周晟对产品创意的指导与点评。

感谢大赛每一位评委提出的宝贵意见，让我们的产品发生了颠覆式的变化。甚至于上海赛区的几位评委在赛后也一直给予我们指导，再次感谢。

最后，感谢我们这个通力合作的团队。我们来自两个学校，三个学院，比赛过程中，大家在无锡、深圳、武汉各地，靠着一次次远程会议与沟通，携手完成了这个作品。每个人都为了一个共同的目标而奋斗，期间有欢笑与喜悦，也有碰撞与摩擦，但受益太多。Tryangle每一个成员之间的合作与所有人的专业进步是UXPA给予我们最大的收获。
感谢在UXPA的路上让你我相遇。运用我们的作品《思路》的一句话：在思念的路上，看更多的风景。

MAPPIN

最省心的地图手札

Most Light-Hearted Map Note

Mappin期待的便是能结合旅游"资讯汇整"
及"行程规划"类竞品的特色及价值主张：广泛浏览并汇整资讯、
操作简便迅速、推荐景点、以地图作为资讯呈现方式。
并用这些特色以补足两大类产品各自的体验缺口，
并且从中作出市场区隔。

1. 迅速收藏景点

让用户在众多资讯管道中，能无痛地跨装置
浏览、搜集，并迅速汇整旅游资讯。

2. 轻松回顾收藏内容

以直觉方式呈现用户搜集到的资讯，并适当提供行程辅助。

3. 清晰地图地标浏览

简洁且易读的界面图示，在标示记录地标时或浏览地图时清晰又快速。

4. 方便旅游规划使用

可将平时收藏的景点加入旅程，让用户在安排旅行行程时更加便利。

我们是来自于台湾的团队
IPH-one !

陈虹伶 Iris	林佩颖 Peggy	张家豪 Howe	曾子祐 Yo	修敏杰 Jesse	苏上育 Sam	唐玄辉 Dr.Tang
UXPM	UX Designer	UX Researcher	UX Designer	Programer	Programer	指导教授

评委点评

综合评价

李东原
UXPA中国理事
前华为技术专家

IPH团队的Mappin项目，抓住了自由行用户的痛点"做功课"，大部分由于麻烦前期没有详细了解、关注景点的文化典故，旅游时间大部分浪费到了找景点和询问上了。项目提供了方便的旅游点和信息、资讯等收集，让用户规划行程的难度、繁琐程度降低了很多，也会使更多的潜在用户喜欢上自由行。项目成功的关键在于如何迅速获得大量的用户并转化成商业价值，这个不仅需要运营考虑，也需要体验设计降低用户首次使用掌握的难度，以突破项目生存的瓶颈。

学生感言

参加UXPA的过程是非常忙碌且充实的，回想过去半年以来，我们经历了无数的挑战，挖掘题目、访谈验证、转换方向、概念验证、着手开发，每一个阶段都是一个成长与蜕变，从一开始的三人小组到现在的六人团队，也让我们的作品更加完整且满怀信心。

过程中也让我们体会了从零到一的困难与甜美，困难的是如何从用户的痛点及洞见转化成有价值的设计概念，以及面对不对的选题方向如何残忍地放手，但当从用户口中获得正面积极的肯定，除了成就感外，更成为我们继续前进的动力。

IPH-one一路以来有伙伴们的扶持，师长的指导，以及各位评委的建议，我们由衷地感谢，更谢谢大赛主办方提供这样的机会，让我们认识彼此，互相切磋、琢磨。

何止
Hearth
—— 一款真正数智的心理服务类APP

表面的你何止是真实的你
我们愿为你如寒夜般的心点燃一簇炉火

产品定义

Hearth何止

Hearth何止

Hearth愿意为炉火。在寒冬的深夜里,炉火带给人们光明和温暖,正好契合了心理咨询的作用,我们希望我们的产品可以带给人们希望,温暖人们的心灵。从另一方面来说,Hearth可由Heart(心灵)和Health(健康)组成,我们希望让人们拥有一个健康的心灵。

Hearth中又包含了Hear(倾听),表示我们愿意倾听患者的倾诉,愿意为其排解痛苦,同时也表达了我们愿意倾听每一位用户的意见,从而提供更好的服务。

"何止"的意思是,心理问题一直受到人们的忽视,至少没有得到与生理问题同等的重视。心理感冒的人总会觉得别人会嘲笑他,也不可能完整地理解他,就抱着这样的期待活得很辛苦。这个名字就可以告诉他们,我们知道你很难过,不止表面上那些,甚至比你能说出来的还要更多,让人产生信任感。

患者端

医生端

团队介绍

团队名称：六颗赛艇
产品名称：何止Hearth
学校：湖南大学

王宇奇
产品经理

刘祎
交互设计

张诗晗
视觉设计

指导老师

袁翔
湖南大学设计
艺术学院教师

肖立夫
数据挖掘

黄成越
前端开发

陈嘉星
用户调研

评委点评

综合评价

贺炜
UXPA中国副主席
美味不用等用户体验
副总裁

"六颗赛艇"团队的参赛产品"何止"的切入点不但有市场的需求，同时也带来了社会价值，突出了用户体验设计的核心：带来愉悦，改善生活。产品的设计针对的是心理亚健康的人群，通过不同的途径从而改善这类人群的现状。和其他的参赛作品相比，这类心理治愈或者改善产品必须有严谨的理论基础，参赛团队基于"认知日记"这一基石，从上进行设计，带来了"危机干预"、"治愈电台"、"智慧化数据分析"等功能，从需求层面导入到功能层面。具体实施上"六颗赛艇"团队也走访了治疗诊所，从商业层面上思考到了如何进行双方的合作以及打通。如果未来能够落地，我相信和其他智能设备打通，打通不同的数据源，方便追踪，将是这个产品需要努力或者发展的方向。

学生感言

我们很早就开始筹备这次比赛，从上一届比赛结束之后就追随着学长的步伐准备比赛。一轮轮讨论，一次次否决，既是痛苦的，却也使自己的方向逐渐明确。

然后就一步步地做下去，用户调研、竞品分析、信息架构、线框图、视觉图、可交互原型……这些之前只听老师讲过的东西到真正实践的时候才知道有多难，但正是在克服这些难题的过程中使我们获得了极大的进步，从不熟悉，到了如指掌，过程充斥着痛苦，获得的进步却让我们感受到了从未有过的快乐。一次次请教专业老师和评委老师，我们的思路也开阔了很多，更获得了许多课堂上学不到的知识，也对用户体验有了更加深刻的理解。

真的十分感谢在比赛中帮助我们的老师、同学、医生、患者，感谢UXPA，为我们提供这么好的机会和平台，而更要感谢我们自己，感谢当初的自己鼓起勇气参赛，感谢当初的自己咬牙坚持，才能让我们在大学时期做出一件足以改变自己一生的事情。

二等奖
项目名称
博悟

用户研究

用户画像

 普通参观者   一般爱好者   资深爱好者   行业专家

为博物馆爱好者设计的
基于增强现实技术和UGC的
定制化浏览体验App

行为研究-影子追踪法

*影子追踪法——在博物馆内随机寻找参观者为目标，在不打扰对方的前提下追踪其参观的全过程，记录其行为和时间轴，总结规律并分析问题。

博悟
博物馆2.0时代
The Next Generation of Museums

用户访谈

参观博物馆过程中遇到的问题？   发现痛点   细化问题   解决方案

• 讲解晦涩难懂，普适性低
虽然多数博物馆配有讲解员和讲解器，但讲解内容千篇一律，且晦涩难懂，用户并不能很好地理解及吸收相关知识。

• 信息搜集困难
在决定去某所博物馆后，上网寻找相关信息时信息不全且零散，浪费许多时间，不能快速、高效地找到所需要的信息。

• 分享难寻平台
一些博物馆爱好者有渊博的知识但并没有一个平台供他们分享、交流，自己去博物馆时也会义务为不懂的观众讲解。

讲解形式体验差

展品资料内容匮乏

团队讲解跟不上进度
环境嘈杂，听不清
人多，不能很好地观赏展品
展品不能全方位观看

语言文字晦涩难懂
多数展品仅有名称
讲解无趣、枯燥单一

• 定制化导览路线
• AR眼镜使用耳机收听
• 通过生动讲解视频加深理解
• 通过新技术建立3D模型，即时操作

• 分享者语言幽默易懂
• 分享者以故事的形式深度讲解
• 分享者结合自身经历生动有趣

软硬件结合提升讲解体验

基于UGC的讲解内容分享平台

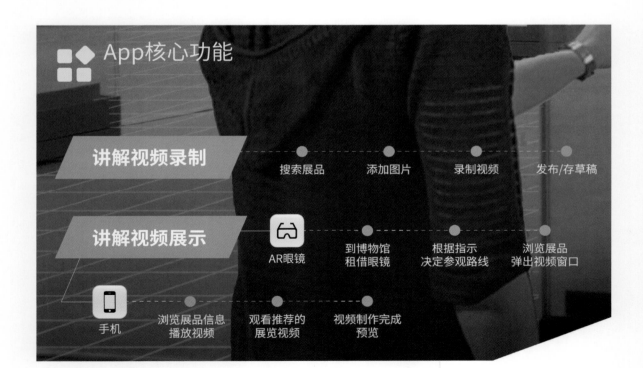

App核心功能

讲解视频录制 ———— 搜索展品   添加图片   录制视频   发布/存草稿

讲解视频展示 ———— AR眼镜   到博物馆租借眼镜   根据指示决定参观路线   浏览展品弹出视频窗口

手机   浏览展品信息播放视频   观看推荐的展览视频   视频制作完成预览

展品&讲解

展品详情页下方有其他用户的讲解,可以点击观看,在手机中操作展品模型和浏览图片。播放完成后进行评价,作为衡量视频热度和推荐度的标准。

录制讲解

在展品详情页点击"我要录制"或搜索展品后进入制作界面。添加图片及文字说明、录制视频。生成后可预览并保存至草稿箱。

贰肆玖团队
来自中国海洋大学

导师Instructors　成员Members

褚俊洁　张健　王妍云　詹淇　田韧　周圆　王赵辉

作品:**博悟**

评委点评

综合评价

张群仪
UXPA中国理事
游石设计（台湾）
体验设计部使用者
体验设计顾问

以AR技术作为出发点，"博悟"重新思考了博物馆的教育、设计与趣味性。在AR增强现实技术逐步成熟的同时，这样的思维与考量格外具有意义。博物馆的宗旨旨在以物件呈现时代的故事与轨迹。AR的统整，给予我们更多说故事的方式。无论是：语音、视频、互动模型、展场导引，都让群众得以有"博天下，悟古今"的机会与可能，也将有助于增加博物馆看展的趣味性。作为一个设计提案而言，表现了相当的需求与渴望程度。唯AR装置，是否有利于长时间配戴？AR眼镜如何精确地定位？装置配戴的舒适程度如何？设计的成败仍取决于许多非设计的因素。

学生感言

从报告初审、语音答辩到面对面答辩，一个想法到一个作品，转眼我们团队已经携手走过200多个日夜，从未想过会走多远，遇到困难时也从未想到要放弃，每一个人都在为了让团队、让项目更好、更成熟而不断努力着。每个人每天的努力很小，但我们愿意等待它量变后质变的那一刻。

一路走来，有太多太多的人需要感谢，一直陪伴的指导老师，给予我们建议和鼓励的评委老师，做前期调研时帮助我们的用户，共同进步的其他团队的同学们，还有给予我们展示平台的大赛组委会。因为有你们的帮助，让我们有着更坚定的目标与决心。

第一次做一个完整的作品、第一次得到专家的评审与肯定、第一次将所学真正运用、第一次体会到用户体验的真正魅力……

感谢大赛把我们带进用户体验的世界，未来还有太多太多的第一次值得我们去实践、去探索……

未来的我们，步履不止，探索不停……

舒释

为电脑前工作的你们服务，对工作后疲惫的身心负责

数据收集、数据分析、数据反馈
我们帮您保持良好的精神状态工作
养成健康的作息方式生活

网络问卷
通过问卷网向目
标人群发放问卷

深度访谈
与长时间使用电脑的工
作者进行深度交流，确
保准确抓住用户痛点

现场采访
通过现场采访和问卷
的形式进行调研

调研总结
分析并总结调研结果
进一步综合分析

舒释包含插件及软件App
结合插件使用App，提供实时健康提醒，给出
合理化建议，通过游戏机制激励用户完成健康要求。

线上App store交付
线下市场推广
合作伙伴 医疗机构 健身机构 食品用品电商

团队 成员

张超

石杰

鲍雅丽

耿博宇

狄淼森

常宇杰

评委点评

综合评价

李东原
UXPA中国理事
前华为技术专家

元团队的"舒释"智能产品瞄准的是长期使用电脑的、关注健康的、希望自我管理的用户。上网用户长期用脑用眼可能带来的身体健康损伤也是社会关注热点，这个产品切合的市场应当还是比较空白，项目的整体过程和体验设计也得到了相关评委的肯定，项目的市场潜力是非常大的。我认为，项目面向的设计行业人数可能没有估计的那么多（7000万人），从IT从业者角度看，上百万的市场空间还是有的，所以好体验如何让潜在用户知道，这是一个非常关键的运营能力要求。还有手机重度用户在我看来有可能远远超过电脑用户，这部分市场若能针对开发，项目可能会获得更多的市场范围。

学生感言

能够参加这次比赛，我们团队的每一位成员都感到非常的荣幸，面对困难我们无所畏惧，勇往直前。每一次的评委给我们的肯定都令我们热血沸腾。

在比赛的过程中我们争吵得很激烈，但是却没有影响我们之间的友情，因为我们知道每一次的争吵都是思想的碰撞，只有这样全身心的投入才能做出好的产品。

特别感谢一路走来陪伴我们的指导老师、评委，是你们的指导和建议给我们指明了方向，为我们扫清了障碍，使我们走的每一步都感到踏实。特别感谢大赛为我们提供了一个平台，是大赛让我们彼此相遇，是大赛让我们知道了什么是团队精神，是大赛让我们获得了成就感，是大赛让我们信心倍增，我们坚信越努力越幸运。

美学食堂

对深圳职业技术学院西校区的一所食堂
进行优化服务设计

通过建立一个有秩序的服务模式
用科技带给学生舒适的就餐环境
倾听学生的声音来一起打造属于当地学校的文化生态

数据调研

学生排队过程中遇到的烦恼

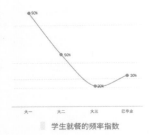

学生就餐的频率指数

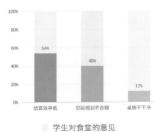

学生对食堂的意见

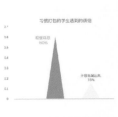

习惯打包的学生遇到的烦恼

现在与未来

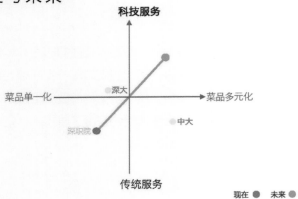

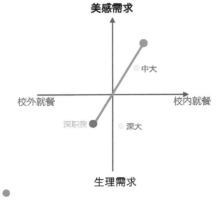

现在 ● 未来 ●

核心价值

科技

给我们带来了方便，推动着社会的进步和发展，改变着我们的生活，使我们的明天更美好。

秩序

是主客观之间的一致，是在事物中发现自我的精神。良好的秩序，是一切美好事物的基础。

聆听

了解学生的方式，我们聆听学生的声音，建立学校与学生之间的桥梁，增进学生对学校的信任感。

动线优化

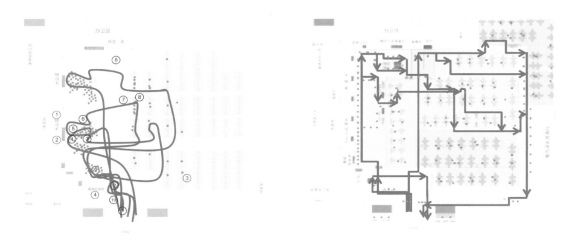

原来的食堂　　　　　　　　　　　自助流程的食堂

服务号反馈

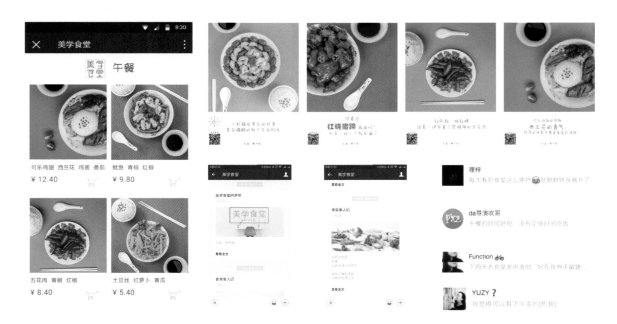

团队名称　　　　　　团队成员　　　　　　　　　　　　　　　　　　指导老师

NOD

学校名称

深圳職業技術學院

 魏芳程
项目经理

 刘 燕
视觉设计

 黄雪娜
交互设计

 李哲臻
交互设计

 张 钰
用户调研

 陈 鹏
深职院教师

 李东原
华为前技术专家

评委点评

综合评价

张群仪
UXPA中国理事
游石设计（台湾）
体验设计部使用者
体验设计顾问

这是一款非常强调O2O线上、线下整合的作品。有别于侧重数字化的呈现，提案中，特别考虑到实体店家的店面、制服与包装等种种面相，相当难能可贵。借此，也展现了团队对于整合式设计的企图、努力与用心。以味觉上的"乡愁"作为核心发想，家乡菜食材的统一料理与运送，应当可以抚慰不少异乡游子驿动的心情。以商业计划而言，拟以社区型的商店作为在地品尝与物流运送的重要节点，同时，也作为线下体验式消费的核心，可以看出团队对于整体商业运作的通盘性考量。然而，中国地大物博，人来自四面八方，多样化的市场应该如何兼顾？这会是即将面临的难题。对于到店用餐的人们来说，固定的选择是否能够满足群众差异化的需求，这点有待更多的时间与行动来证明。

学生感言

人生没有彩排，每天都是现场直播。

参赛至今，每阶段都是崭新的蜕变。我们共同经历了语音答辩、面对面答辩等选拔环节，整个团队朝向一个目标，共同度过的日夜，看着一起孵育的产品，从0向1一步步靠近，一股成就感涌上心头，内心感到无比欣慰。

在专业老师和评委老师的指导和建议下，新的思想的注入使我们不停止创新，没有创造的生活不能算生活，只能算活着。有很多的范畴，是之前从未涉及过的，也从未想到过的。在参赛过程中，我们的思维一次又一次地有了高度的提升。

心有多大，舞台就有多大。十分感谢一路帮助过我们的同学，指导过我们的老师，给过我们建议的评委老师，特别感谢用户体验大赛这个平台，给予我们学生一个施展的平台。我们将不断地完善产品中的不足，提炼产品中的亮点。

当世界给草籽重压时，它总会用自己的方法破土而出。我们怀着一份信念：挑战越大，我们灵性的领悟和成长也会越大！

简糖
一套提供糖尿病服务平台的系统

生活-就诊
医生有效沟通
在家只需简单按照计划执行医嘱
"糖人"生活不再艰难

匿名用户团队

段志鹏

华侨大学 & 同济大学
产品服务体系设计

涂芊宝

华侨大学 & 瑞典皇家理工学院
人机交互

- **作品名称**
  简糖

- **所在院校**
  华侨大学

- **指导老师**
  欧阳芬芳老师
  陆文千老师

作品详情

糖尿病服务系统设计

就诊报告　　　　　病历报告　　　生活计划　　　　　生活报告

医学语言　　生活语言

处理数据　　　　　收集数据

从服务设计的角度改善糖尿病治疗中的
医患交流关系中信息传递的效率，提高
糖尿病人对自我病情的认识。同时，试
图探索一种面向糖尿病的就诊与自我管
理的方法，也是对更多的慢性病提供一
种可以参考的就诊与日常自我管理的方法。

评委点评

综合评价

陶嵘
UXPA中国前主席
浙商银行个人银行部
总经理

选题的切入点非常好，抓住了大健康概念，又能从非常具体而微的点上突破。有一定的用户研究的基础，从两位用户的视角剖析了"糖尿病"患者的日常情况。但两位用户是否具有典型性和代表性，需要阐明。整个研究、设计与原型产出阶段明确，输出物规范。但本作品是医患双方平台，从患者角度来看确实解决了一些问题，但从医生角度来看，尚未考虑如何接入目前的医院医疗诊断系统。如果将医生客户端作为病情判断的增强屏幕方式来显示，比如多屏拼接嵌入，可行性会更高。

学生感言

在整个设计项目第一阶段结束的那个晚上，我们队员去了海边吃了烧烤，凉爽的啤酒配上夏日的雨夜格外清爽。

那时，团队成员就要离开学校，开始新的学习，有的去了瑞典、有的来到了上海，所以这个比赛项目也算是对我们大学四年以来的一个总结。PS、AE、CDR、便利贴、卡纸还有流窜的光和影子，我们被它们追着跑。

从用户调研、问题明确、服务架构到最终产品出现，每一步我们都从现实出发，最后让设计回归于现实。从开始混沌的想法一步步地清晰、明确，每个队员都感到充实与饱满。

我们在这个过程了解到了设计不仅仅是一个想法，它更是一个能够在混乱的现实世界中，去协调好事物的重要力量。大赛的项目让我们坚定了在以后的路上继续通过设计为世界作出大大小小改变的信念。

在整个比赛中，有许多老师和同学给了我们很多帮助，非常感谢他们的支持。特别是欧阳芬芳老师和陆文千老师，在整个比赛中的每一个阶段都给予了我们支持与帮助。

感谢用户体验大赛这个平台，以及大赛评委，有这个机会将我们的设计展现在大众面前，在设计上能够有机会不断地修正自己的方向，这是一次非常宝贵的经历与体验。

Muitas
将音乐转化为味道

一款情感交互型娱乐产品——Muitas！
实体硬件，模块化原料设计，
配合丰富的酒水套装。

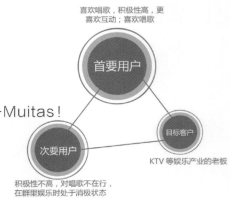

01 一种新奇的情感体验
根据曲风不同，机器对用户歌声进行自动识别，出相应心情的酒。

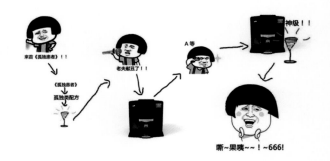

02 一种乐趣的交互方式
多人 pk 才够意思，赢家选择整蛊输者或奖励自己，自己添加调料才够味。

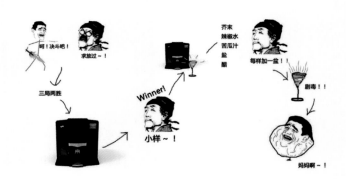

03 网络互动直播
连接手机进行直播，增强用户与粉丝的互动，粉丝送酒，用户线下兑换。

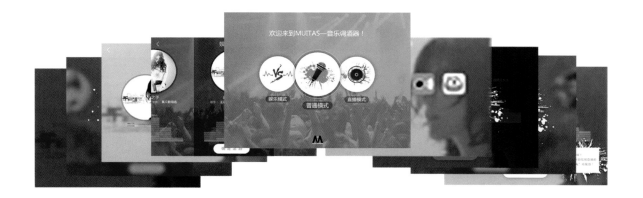

娱乐方式的趣味性

KTV 发展较久，但至今娱乐方式都过于单一、割裂，与现在多样化的消费娱乐场合对比，越来越不具有很强的竞争力，一成不变，乐于追求新鲜、刺激的年轻群体对此厌倦。

互动

娱乐

趣味

情绪

加强人与人、人与产品的互动

KTV 场景下，有部分不喜欢喝酒或者怯于唱歌（唱不好、羞涩）的朋友，在进行酒水消费时，都是被人敬酒、劝酒、劝歌。通过喝酒、唱歌结合的娱乐机制来调动用户积极消费（符合娱乐场景下用户的心理认可度）参与娱乐活动的心理。

情感化的娱乐方式

从传统KTV角度而言 娱乐方式过于单一、分裂，这种局面造成朋友之间相互抱团、造成部分伙伴孤立，这不利于朋友之间的情感互动，玩得也不够尽兴。

Multas 团队
（重庆邮电大学）

郭鑫	韦雪	张帆	陈思瑞	王松	殷正	万俊廷	史豪森
项目创始人	项目经理	用户研究	交互设计	结构设计	技术开发	视觉设计	市场调研

062 用户体验最佳实践：
中国用户体验设计大赛作品精选 〔第一季〕

评委点评

综合评价

陶嵘
UXPA中国前主席
浙商银行个人银行部
总经理

平常大家将喝酒、唱歌作为娱乐方式的基础是什么？是人与人之间的互动。一个人自斟自饮通常称为喝闷酒，一个人唱歌也仅适合在浴室里。同样，喝鸡尾酒要的是调酒的过程和现场的氛围。目前的这个选题，切入点不错，但解决方案过于"机械"。给团队一个建议，可以参考邮轮上的机器人酒吧——Bionic Bar——采用机器人酒保的酒吧。这里的机器人可不仅仅是负责饮品分发那么简单。一对高科技的机械臂完全取代了人类调酒师的工作，它们便是在2013年Google I/O开发者大会上亮相过的Makr Shakr机器人。不管你要点的饮品是什么，只要在吧台旁的iPad上选定，就可以轻松就座，静静欣赏机器人酒保娴熟地从吧台上取酒、倒酒、摇匀、搅拌……直到一杯美味的鸡尾酒被自动传送到你的面前。这些机器人酒保的所有调酒基本动作，都是从芭蕾王子罗伯托·博莱的舞蹈动作演变而来，并且它们还能做出比真人更为绚丽的花式调酒动作。仅仅观看调酒过程，也会是一种莫大的享受。

否则一个很好的概念就浪费了，从目前的结果来看，和饮料公司的现调机没有太大差别。对研究、设计、产出方面就不作过多的评述了。

学生感言

从参赛到如今的每一阶段、每一次在赛场上，都是一次全新的体验、一次自我的否定和提高。在比赛中我们共同经历答辩环节，面对评委老师犀利又充满建设性的问题，我们都一一解答和吸收。我们整个团队朝着一个目标共同努力，一起度过快乐又辛苦的日子。从只是一个想法到一个产品，从一个0向一个1的一步步靠近，一股甜甜的味道涌到心头，内心感到无比的自豪和欣慰。

在指导老师和评委老师的帮助和建议下，我们都会有新想法的注入，是之前从未涉及的范畴，从而整个产品才得以不断地完善。在一次又一次的赛事过程中，我们的想法有了高度的提升。十分感谢在一路上帮助过我们的同学，指导过我们的老师，给过我们建议的评委老师。特别感谢用户体验大赛这个平台，给予我们学生一个施展的舞台，我们将不断地完善产品中的不足，提炼产品中的亮点。

我们相信，不忘初衷，定有所成！

FreeGo

自游 —— 享受旅游，享受自由！

"自游"是为旅游者提供即时、便捷、多元化导游服务的平台。

蛋生

核心功能

预约
游客提前预约导游，得到便捷的导游服务

自主发单
导游自主发布预约信息，实现自主的工作方式

游客端　自游　导游端

即时
游客实时呼叫导游，得到即时的导游服务

即时接单
导游基于地理位置自主接单

评价
游客需要获得优质服务的导游

数据中心
建立导游自己的业务数据以及行业分析

预约导游 >>>>> **选择导游** >>>>> **查看资料** >>>>> **提交订单**

何时何地，快捷预定　　条件筛选，任你选择　　查看导游详细资料　　在线预付，安全保障

提前预定导游服务（选择导游实现明码标价透明化，导游根据游客个人需求，量身定制旅游行程，为游客提供便捷的导游服务）

预约导游

即时导游　实时呼叫附近的专业导游（为游客提供一个即时的导游服务平台）

导游摆脱旅游公司的束缚，实现灵活、自主的工作方式。导游更多地将本产品作为一种工具使用，采用顶部tab导航，将功能架构暴露，减少用户点击，保证页面内容的突出性，方便导游使用。

导游端主界面

即时导游　　　　**个性设置**　　　　**一键呼叫**　　　　**我**　　　　　　**状态**　　　　　　**数据中心**

实时定位，快捷选择　更多个性化需求设置　一键呼叫附近导游　个人中心，随时关注　业务状态，便捷操作　数据趋势，详尽呈现

想去一个地方，但不熟悉那里，不知道怎么玩才更好　Ⓐ

打开App，预定一个心仪的导游，沟通交流，让导游规划最佳行程

与导游对接，拿出自己的二维码让导游扫一扫，确认身份与开始服务

导游带领着去当地深入体验游玩

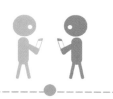

到达一个地方，但不熟悉这里，不知道怎么玩才更好　Ⓑ

打开App，马上呼叫一个附近的导游，前来带领自己玩

对这个导游进行评价

亲自接游客并认证身份

收到游客的呼叫，立即找到游客并提供帮助　Ⓑ

收到游客的预定，根据游客的一些模糊需求，为游客定制最优行程　Ⓐ

设置自己的空闲时间，开始接单

根据行程表带领游客去各处游玩，与游客建立友好关系

送游客返程并进行互评，准备下一单

通过数据中心，查看最近的业务情况

游客　导游

蛋生团队
×
西南科技大学

王军锋　原丽花　施金新　杨松全　周怡　何祖炜　陈叶亮　肖佐健
指导老师　指导老师　交互设计　视觉设计　用户研究　产品运营　视觉设计　视频制作

评委点评

柳科 评委	访谈与产品设计流程没有大问题，建议访谈过程角色比例有点问题（导游部分比重应该增加），否则会造成用户认知不充分。

姚远

UXPA中国理事
卓奇设计创始人/
CEO/首席用户体验官

"蛋生团队"的FreeGO，是经过完整市场分析、行业调查、竞品分析、用户研究、模型建立这一完整调研体验流程的精彩作品。尤其针对游客群体／导游群体的划分不同客户端，非常容易让人想到"滴滴"的司机端／用户端。是否会存在另一个问题，FreeGO产品的定位是解决驴友／导游之间的服务与被服务，对比"滴滴"出现了个很大的问题：就是如何解决比打车频次低得多的"旅行"问题？单次使用过产品之后，很可能会半年、一年之后再次使用，这个持续的黏性，如何解决？这块建议重点考虑一下。次一级的问题，比如游客的身份真的只有一种么？是否应该对游客进行再次的细分？以观察挖掘更深层次的需求进行产品层面的满足。

最后要肯定一下，产品文档逻辑清楚，制作用心，是一个很精彩的产品。

学生感言

几个月来，在专业老师和评委老师的指导和建议下，我们将产品不断地完善，不断地提升品质。经历过无数次的通宵达旦，无数次的反复修正。在每次提交作品前的最后几天，我们每个人几乎都快要崩溃，但一次次的坚持，一次次的完善，让我们一路走了过来。

"蛋生"团队的成员从四人到六人，最后能完成"FreeGo"这个产品，真的太不容易了。但既然选择了，就该不顾风雨，将它做精做好，回首这一切，所花费的时间与精力都是值得的。

UXPA这种晋级型的比赛，让我们有了奋斗、前进的目标，通过团队的努力，最后一次次的晋级，所带来的兴奋与成就感是前所未有的。

我们已经深深地爱上了设计、爱上了用户体验，希望为中国用户体验行业的发展付出一份自己的努力！ Stay hungry, stay foolish！

十强

台北赛区 >

长沙赛区

成都赛区

广州赛区

上海赛区

北京赛区

听取菜单资讯
利用App达到资讯透明，提高视障者的选择自主性

菜单
共创与共建

创建菜单资讯
提供协助视障者的机会，明眼人获得助人成就感

菜单说话 | 听见菜色, 听见选择的自由
菜单说话帮助视觉不便的朋友，提供餐厅推荐、菜单即时资讯，加速视障者与服务员的沟通，帮助确立视障族群在"食"方面的自主性。

菜单说话　　**菜单讨拍**

菜单讨拍 | 点亮地图, 点亮互助的善念
只需利用等餐的零碎时间，透过拍照上传菜单、协助或检查菜单资料，号召大众一同建置菜单资料库，改善视障朋友的生活。共同点亮视障族群的用餐地图。

Business Model

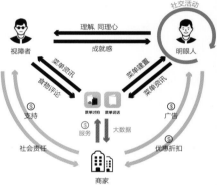

后期
资料量和影响力相辅相成，到达一定数量后便能以此为号召，吸引更多商家加入，创造实际的金流，进而回馈于明眼人和视障者用户，一个社会企业的模式于焉而生。资料库不只包含菜单资料，也记录着双方用户的用餐时间、地点和喜好，其中的资料将对大数据的应用有极大的价值，我们可以与企业合作，创造更高的效益。

User Research

- 视障者无法阅读菜单，也不好意思一直麻烦别人帮忙念。
- 视障者十分仰赖手机语音报读的功能。
- 网络上的菜单资讯多以图片的形式呈现，语音报读无法作用，使得视障者无所适从。
- 网络上的菜单资讯散乱各处，造成视障者搜寻上很大的困扰。
- 视障者会事先记忆喜好的菜色，但容易造成混淆及负担。
- 视障者选择餐厅时，会偏好选择他们有把握到达的地方。
- 视障者常因网络上的资讯更新缓慢而造成资讯不对等。

Target User
习惯使用手机接收资讯
使用iPhone且熟悉VoiceOver操作
有外食需求，喜欢探索新事物的视障者

Design Point

- 我们提供方便voice over报读的纯文字设计，让使用者不错漏任何资讯。
- 我们提供具有良好资讯架构的菜单资讯。
- 我们提供一个能统合餐厅及菜单资讯的平台。
- 我们提供"加入收藏"的功能，视障者可于点餐前将喜好菜色加入清单，便于点餐时回顾菜色及最后筛选，加速与服务员的沟通流程。
- 我们提供多种搜寻餐厅的方式，视障者可以自身或转乘站为圆心来排序餐厅远近，选出最符合需求的餐厅。

深入巷弄美食

查找附近餐厅

提高沟通效率

最新菜单资讯

菜单讨拍

输入菜单

若用户不在餐厅内，可输入菜单资讯，将资料库内的菜单照片转换成文字。

奖励机制

当用户完成任务后，能获得能源或是来自视障者的感谢。

菜单说话

关键字搜寻

输入关键字快速查找餐厅，搜寻餐厅资讯。

餐厅筛选

依照常用筛选机制推荐餐厅，让视障者轻易搜寻具友善菜单之餐厅。

即时菜单

妥善的分类菜单资讯，方便用户阅读菜单，以及加入最爱。

收藏清单

方便用户快速回忆已阅读过的菜单，加速点菜流程。

团队信息

作品名称｜菜单讨拍　　团队名称｜菜单讨拍　　院校名称｜台湾科技大学　　指导老师｜唐玄辉　教授

王紫绮
专案管理

蔡炘志
用户研究

游砚雅
视觉设计

葛承恩
交互设计

陈尚群
商业模式设计

张哲维
财务预估

叶轩铭
程式设计

杨乔宇
程式设计

评委点评

第一阶段

李威
评委

关注弱势群体值得赞赏，对视障者的访谈能切中其主要需求和目前困难，解决思路较为切实可行；PPT设计逻辑清晰，重点突出，设计方案利用手势操作，降低操作成本。如何让明眼人帮忙构建菜单部分可能涉及信任、预算等细节，以及能否提供语音辅助。

第二阶段

戴士斌
评委

这是蛮有潜力的主题，但相对而言这一主题也是较难运作的，建议：①商业获利模式部分要再加强，要考虑到建置成本、人员营运成本及初期获利来源模式，单靠爱心很难撑起商业营运。②服务的出发点是在于视障朋友，故要让这一服务在视障朋友圈的黏着力更加提高。③视障朋友选餐厅、食之考量的痛点研究部分，建议把痛点严重程度、迫切程度再作深入探讨，这样在设计中转化出的诱因才会较强烈。④因为此App为内容及商业推荐性质的App，故如何做好店家及资讯来源之优缺的评选机制会是一大重点。⑤在明眼人之界面操作及输入方式部分，请再思考一下操作承接步骤。

学生感言

首先，我们由衷地感谢一切帮助过我们的人，包括拔刀相助的同学和朋友们、老师们和振聋发聩的评审们，并特别感谢用户体验大赛这个平台，提供一个展现并审视自己作品的机会，现在回首这段旅程，依然熠熠生辉。

从一开始的用户研究、迭代到最后的原型测试，仿佛历历在目，其中有欢笑也有苦闷，却也交织成一篇动人的乐章，每一个音符都是发散到聚合的淬炼，每一个节奏都是努力迈进的跫音。虽然在这个比赛中只能裹足于此了，不过这并非终点，而是新的开始，我们将继续传唱新的乐章。

十强

台北赛区

长沙赛区 >

成都赛区

广州赛区

上海赛区

北京赛区

趣迹

一款传递温度的有声账本

超越传统形态
改变人们的记账方式
旨在以有趣的交互形式来传递产品的温度

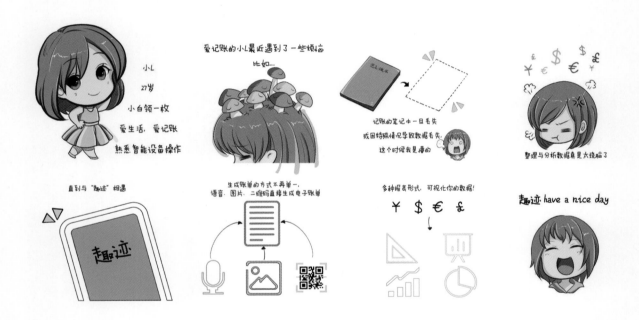

时尚、简洁的账单陈列
高效、有趣的录入方式

独有的语音记账功能，
让趣迹从二维平面上升到
三维立体的高度。

每一位用户对应专属的条形码或二维码。

用户结完账后，仅需出示条形码或二维码以供收银员扫描
便可将电子账单传输到用户的移动终端上。同时还能支持
第三方线上支付平台。

后台数据不断地累计与记录
通过数据从各个维度给用户提供决策依据
让用户体验数据化运营的美

Fun Stuff 团队

湖南涉外经济学院

冯亮
产品经理

石丽梅
交互设计

向延康
用户研究

简友海
视觉设计

评委点评

第一阶段

秦强
评委

设计流程清晰、完整，用户研究方法选择得当。建议补足语音识别技术如何应用及可实现性，以及收银员扫码后购买产品清单数据如何交换到App上。交互设计逻辑清楚，建议视觉设计再完整些。

贺炜
评委

选题具有创新性并且具有实际意义，选择了合适的调研方法和设计思路。建议在需求分析和功能转化上能进一步地深入和思考。概念设计部分还不够完整，这是一个比较好的选题，也希望能够尽快补足概念设计剩下的部分，更加完善视觉设计，继续深化。

第二阶段

郭晓波
评委

选题方向很好，用研相对严谨，产品落地性强。部分交互设计细节比较新颖，建议寻找到产品功能的多样性，将用户定位细分得更加准确。答辩时同学态度端正，对于产品的把控性很好，条理清晰，予以通过。

学生感言

当意识到我们的赛程已经结束时，四人长长地舒了一口气，凝望着彼此。我们每一个人都有一种别样的情愫，更多的其实是不舍吧。从3月就开始准备选题，到10月线下面对面答辩彻底地完结。

团队里的每一个人，这一生或许都不会再有机会跨越不同的季节，只为了一场比赛聚集在一起。

但是这一段"旅程"足以篆刻在我们充满彷徨和无助的大四记忆里。从最初组建团队的激动与期待到期间因为各种问题唇枪舌剑，再到结束时的依依不舍。往事历历在目，从未想过我们会走得这么远，十分满足，也万分感恩！

感谢一路走来陪伴我们的评委、老师和同学，让我们实现自己编织的梦。

我们都还有很多的时间，来日方长，且行且珍惜。

一个绘画接龙的平台

和来自世界各地
志同道合的小伙伴一起进行头脑风暴
让练习和创作的过程变得有趣
开启绘画社交时代

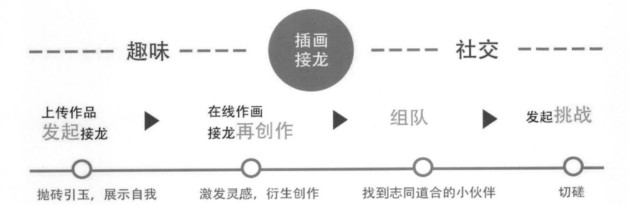

------ 趣味 ------　插画接龙　------ 社交 ------

上传作品 **发起**接龙　▶　在线作画 接龙**再创作**　▶　组队　▶　发起**挑战**

抛砖引玉，展示自我　　激发灵感，衍生创作　　找到志同道合的小伙伴　　切磋

01 市场

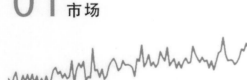

2009年　2011年　2013年　2015年

从2005年至今的世界搜索趋势
关键词：anime

- 涂手、Same等App产品炙手可热
- 国外we draw comics人气爆棚

2005年　2007年　2009年　2011年　2013年　2015年

从2005年至今的世界搜索趋势
关键词：hobby painter

- Google trend上，插画、绘画爱好者等关键词的搜索热度近十年呈现波动上升趋势
- 插画师的年度薪资高达12万~18万元

02 机会点

- 几乎没有完全一样的竞品
- 强化合作和社交
- 强化专业性、功能性和趣味性，真正成为画手成长之路的垫脚石

03 未来

- 与广告商合作
- 线下：与印刷厂家合作进行评选、寄送纪念画册活动
- 线上：与现有创作平台dribble、pinterest、涂鸦王国等进行合作推广

01

三种类型接龙

- 情节接龙——故事发展的延续
- 记忆接龙——风格方式的延续
- 画面接龙——画面元素的丰富

在线 photoshop

上传 图片

- 在线创作或上传作品
- 上传作品

02

挑战模式

看到想要挑战的接龙画面,点击挑战,两幅画将进入挑战区

03

队友推荐——组队创作

定期推荐合适的队友,组队后可以共同创作,画集点击量靠前的团队提供资金奖励

华中科技大学　西安外国语大学　华中农业大学　天津中医药大学

段天宇
策划商业

王沁
产品经理

王怡薇
用户研究

李宇林
视觉设计

朱媛
视觉设计

朱海欣
交互设计

张思婧
产品开发

俞立根
媒体设计

评委点评

第一阶段

建议再多花心思更有针对性地规划好多终端的相应功能。建议在作品呈现的版块上进行规划，使详细作品浏览上更丰富且易用。

曾帆

评委

欧阳雷

评委

基本的UCD（以用户为中心）流程都走了，每个步骤也还相对完整，导出汇报材料结构也还清晰，视觉整体把控还不错，请保持。建议基于场景，好好研究用户及其痛点，并完善，找出创新亮点，提升信息架构，及最终呈现。

第二阶段

曾俊豪

评委

①产品需求分析中接龙初创者的人气提高？是真的有提高的效果？②产品需求分析中用户都是有一定经验的人，约稿、鼓励临摹、提高知名度如何体现？③产品移动端使用过于薄弱，如何互动层面可再加强。④用户体验上接龙的分类是否重要？画风不同的人共同参与时，如何控制？另外，在PC的首页最热，作品的分类很薄弱。⑤技术上接龙是有规则的，一个一个有顺序的，如何控制多人针对一个主题发起接龙？

学生感言

在比赛中我们熟悉了整个用户体验设计的流程，在设计的过程中对用户体验的理解更具深度。同时，我们在整个比赛过程中也遇到了很多问题和挑战，队员之间也出现过很多分歧，但最终我们在不断地磨合和碰撞下让产品日臻完善。这对我们以后的用户体验设计道路非常有帮助。

多谢大家的鼓励与支持，我们感谢你们，我们会在接下来的道路上，不断地改善，不断地努力。

易 衣

共享经济下的时尚女性云衣橱

操作简便、节约时尚成本
互联网时代下高效、环境友好的全新服饰流通方式

旧衣处理

不再穿的衣服卖给服务商换取零花钱。服务商通过与扶贫基金会的合作，
对收购来的二手衣物进行分类，最终进行捐赠或者卖给第三世界国家。

智能推荐

根据用户资料、关注和收藏等数据，提供智能推荐功能，
帮助用户快速挑选适合身材和风格的服饰。

轻社区

独立设计师入驻，用户可根据其主页及其穿搭风格，选择原创个性服饰，
还可以整套租赁，设计师搭配，减少搭配困扰。

衣物清洁

每件单品显示周转次数（单次出租期限，最长时间为7天），
包月制会员可挑选周转次数较少的服装。
计件收费模式下，随着衣服周转次数增加，相应减少服装租赁费用。

一键租赁

分类筛选

圈子

院校名称
湖南大学设计艺术学院

指导老师

袁翔
湖南大学设计
艺术学院教师

谭征宇
湖南大学设计
艺术学院教师

团队成员

雷克华
产品经理

张律平
交互设计

姜晴
视觉设计

团队名称
等于七

李陈瑜
用户研究

刘陈隽
用户研究

陈铭钐
视觉设计

梁富鑫
程序开发

评委点评

秦占雷
评委

设计思路清晰，主题很明确，概念清楚，分析报告也相对合理，答辩流畅、准确。建议在产品核心的功能上下功夫优化，确实能够成为方便穿搭的实用App。

薛嵘
评委

选题方向并不新鲜，但市场分析与用户调研充分，挖掘出深层次的用户需求及设计要求。希望在细节设计中能够充分得到体现。

谢旻谚
评委

调研相当完整，交互界面可再灵活一些，期待视觉的呈现。

学生感言

我认为，每一次经历都是生活给予的宝贵经验，是成长的必然。这次参加UXPA比赛也不例外。

虽然我们没有晋级十强，但在参赛的过程中，我们发现了自身的不足，借鉴到了他人的经验，这会使我们在学习方面更加努力。

任何好成绩的取得都建立在充分的准备之上，要反复琢磨，反复思考，多多听取他人的建议，把自身的真实水平发挥出来。

在比赛中，还要表现出真实的自我，台风自然，语音自然，一举一动都要自然。欣赏自我，让自我表现得更好，也欣赏他人，学习他人的长处。

这次比赛，让我们总结出四个字——越挫越勇，还告诉自己：不要被自我感觉所蒙蔽，你还有许多要学习的地方，要多多努力，尽量多地抓住机会，提高自我的表现潜力，从每一件事中找到进步的目标，让自我变得越来越优秀。

流系统

最适合你的智能健身教练

换好健身装备
调整好自己的健身状态
准备健身

打开手机中的无线网络
连接到健身房中的无线网络
服务器通过存在手机中的证书认证身份
随后便可在健身器材上开始运动

健身房内的定位装置会随时定位你的健身位置
并开始让机器记录你的锻炼数据
你只需要按照私人教练App中的训练计划
努力练习

运动结束，打开手机查看
健身成果一目了然
线上教练会根据锻炼数据给你
最专业的建议
让健身不再迷茫

南昌大学
夏天的大西瓜团队

指导教师
金昕　秦宇帅

团队成员

陈星耀
产品经理

丁可芹
用户研究

张小卫
交互设计

刘任
视觉设计

吴琴琴
前端工程

评委点评

曾俊豪
评委

产品: 商家合作, 初期成本高的情况下如何做到"使健身器材半智能化": ①设计: 数据页面未来的我是总目标, 插在当下的数据中间的原因? 如果主场景是健身完毕, 整体一打开App希望给用户的感受可以再深入思考。②设计: 教练单独一个页面, 重点内容是什么? 与你的计划是否相关? 教练与计划的互动性, 如何规划, 教练端使用的场景必须更完整。

陈峰
评委

答辩思维活跃, 面对评委老师的问题能够切入重点, 回答用词妥当。产品需求重点突出, 规划清晰明了。交互设计完整但缺乏细节。视觉如能再完善会更好。

吴海波
评委

思考的方向还是不错的, 对传统行业的改造、垂直化的定位和用户需求的细分确实能弥补传统健身行业的不足, 概念设计部分, 交互环节质量有待提升, 视觉层面最好也能有相关的体现, 界面来不及, 品牌logo方案在这个阶段还是必要的。

学生感言

首先，我就应感谢本次大赛的主办和协办单位，为选手们带来了这个绝好的舞台展示自我。其次，我要对我的学校说声多谢。我们经过了学校的第一轮初赛，学院领导给我们安排了具有丰富比赛经验的老师作为我们的指导老师，从比赛的各个程序对我们进行培训。同时，学校各级领导和老师都对我们的比赛十分关心，经常对我们进行指导，使我们能够不断提高自我。最后，这次比赛的成功和我们的努力也是分不开的。

最后，再次感谢在整个比赛过程中给我们带来了极大鼓励和支持以及帮忙的老师、同学、家长，期望我们能进一步提高自我，在UXPA大赛中取得好成绩。

十强

台北赛区

长沙赛区

成都赛区 >

广州赛区

上海赛区

北京赛区

味 道

"味道"是一款针对想吃到美味、可口的家常菜的年轻用户做的一款关于吃饭的应用，以共享自家厨房餐厅为核心，融入搭伙、下厨、发现等特色功能，营造家的氛围，为异地的同乡人提供最温馨的家的味道。

目标人群

80、90后
异地同乡年轻人

主要功能

家乡菜
搭伙、下厨、发现

产品特点

体验家乡菜味道
感受家的温暖

味道

主页拥有三大核心功能：家乡菜、搭伙、下厨，上划界面即可查看附近推荐的家乡菜

发现

在发现页面可以发布自己的拿手菜与朋友分享，用户点击后即可查看详情

家乡菜

通过筛选不同菜系、排序即可查看到自己家乡的特色菜，点击即可预约

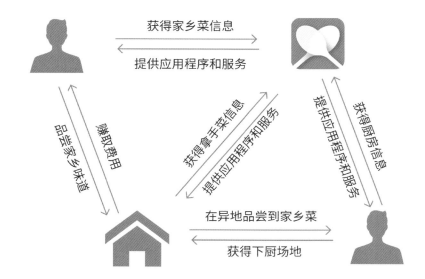

商家合作

提供广告位给商家或第三方，作为运营App的前期收入，但不给用户造成负担，通过用户流量与更多商家寻求可能性。

用户黏度

通过在不同用户家体验不同家乡味道的核心功能留住用户，以家乡味道建立起异地同乡人的社交关系网络发展长期用户。

用户接口

以积累大量80、90后异地同乡上班族群体作为新的资本，与其他商业寻求合作的可能。

指导老师

吴晓星
西安欧亚学院
数字媒体专业负责人

作品名称
味 道

院校名称
西安欧亚学院

团队名称
奇 点

团队成员

钟辛荑
产品经理

吴 乐
交互设计

白 洁
视觉设计

徐征航
用户研究

评委点评

第一阶段

秦强

评委

选题题目确实是一个亟待解决的问题。但是并没有运用创新的概念解决这个问题。与"蹭饭"这款App相似性太强。用户研究阶段的论点支撑不够，有一些主观臆断的观点。例如，低收入白领月薪的30%用于吃饭明显偏离实际。交互设计需要更清晰。视觉设计需补充。

第二阶段

杜浩鹏

评委

选题及想法很好，整个案例的分析过程较完整。但是落地的表现（视觉方案）部分，比较脱节，没有体现出概念设计出发点的情怀和温暖，整体视觉表现及标准设定要重新考虑。建议加入不同地域、不同信仰的人对家的感觉的主题推送

李小成

评委

民以食为天，对于我这样的吃货，对这样的选题是非常认同的。整个方案分析很完整，建议加强商家评级认证（解决吃饭安全），强化做饭（比较新）落地，完善评价体系运营。在视觉设计上配色比较冷，没有气氛，没有找到产品定位中家（温暖）的感觉。

学生感言

从0到1一步步靠近，在专业老师和评委老师的指导和建议下，我们都会有一些新的思想的注入，有很多的范畴，是之前从未涉及过的，也从未想到过的。在参赛过程中，我们的思维一次又一次地有了高度的提升。

参赛至今的每一阶段，都是一次不同的蜕变。我们共同经历了语音答辩、面对面答辩等环节，整个团队朝向一个目标，共同度过的日夜，看着大家一起孵化产品。

我们在这里认识了很多朋友，也学到了很多的东西，最重要的是，参加这次大赛，让我们变得不一样，让我知道了什么是团队合作，什么是坚持到底，什么是从容淡定。

【 剪单 】

"剪单"是一款通过发型图片识别搜索
来解决用户与理发师之间的"沟通问题"的应用。
以最简单的方式来解决沟通问题，
让美变得更"剪单"。

用图片识别搜索来建立良好沟通，让VR全新视角来改变理发体验；
图像数据库把握专业发型数据来源，保证所见即所得；
智能脸型预设为您制定个性化搜索推送，收藏发型和理发师帮您记住您的喜好；
线上预约线下服务，足不出户的沟通让理发成为享受。

剪单，
让造型师能"听"懂我的描述，明确了解我的要求。
美，就是这么简单!

上传图片分析、查找理发师与商家

提供发型数据与最新资讯

提供与理发师、商家的交流平台

提供客户

线上预约、支付、办理会员卡

建立口碑，赢得忠实客户

造型师已经明白我的需求了！

跟我想的一样好看！

确认支付，好评~顺便也办个会员卡吧

该去理发了……

这个发型好看！

搜到了相似的发型！

先挑个造型师预约一下

张泽潇
项目经理

杨雨虹
视觉设计

徐寒阳
用户研究

王少兵
前端开发

姚源志
交互设计

评委点评

张健
评委

①理发师的流动性很大，App重点应偏向理发师的平台，每位理发师通过这个平台展现自己，建立与客户的前期沟通，从而让用户端很好地判断和选择适合自己的理发师，最终找到理发店。②VR的思路可以扩展成硬件，放到每家理发店，这样直观的体验更有利于用户与理发师的沟通。

张林娟
评委

需求分析比较不错，很透彻，但商家那一块的信息缺少对理发师的介绍，对于没有心仪的理发师的用户来说，即使选了自己喜欢的发型，但是让谁来理还是大问题，通过商家发布的理发师信息，用户可以自己选定理发师。整个应用，应以理发师和用户为主，商家是通过理发师来为用户服务的，不能以商家为主。

学生感言

从4月初懵懵懂懂地组队选题，到9月底站在分赛区的答辩场上。参加UXPA中国用户体验设计大赛的这一路的旅程，我们确实感慨颇多。项目刚开始的时候，由于我们对用户体验、对交互的了解都并不是很深，许多技能也很不成熟，很多东西都空有想法、止于纸面。但在团队齐心协力的努力下，我们一边补充学习着各类技能和知识，一边不断推进和完善着我们的项目。我们和项目一起一步步地成长，从大二到大三，一路走过了初赛、复赛，终于走到了成都分赛区的决赛答辩场上，终于看到了项目趋于成熟的样子，也收获了几乎是惊喜的成果：拿到了成都赛区的第三名。

回过头来再看这半年的比赛历程，那些赶过的材料、学过的技能、查过的资料、做过的视频、熬过的夜，都实实在在地带给了我们许多的成长和难忘的回忆。感谢大赛评委、指导老师给予我们的建议，让我们的项目不断地在正确的方向上趋于成熟；也要感谢一路不放弃的我们自己，正是我们自己的努力，才让这个半年，成为我们人生中的一份宝贵的经历。

一款结合社交的
实体购物返利和
优惠信息推荐的应用

重构实体购物体验

伙 拼

有趣的购物返利方式
实体购物+多元社交
用户优惠&商家推广

拼单购物返利

即时返利——等待其他用户加入，加
入者到达店内，同时买单，获得返利

延时返利——买完即走，无需等待，
活动期限内人数达到要求，获得返利

附近推荐——天降馅饼

商家推荐——小二吆喝   优惠信息推荐

用户推荐——臭味相投

多元社交融合   直播交流　弹幕聊天
评论留言　见面沟通

根据　用户选填信息　推荐优惠信息   信息来源
　　　操作历史记录

拼　单

实惠的实体购物返利

推　荐

精确的优惠信息推送返利

李柏翰
前端开发

罗广顺
用户研究

张晶
项目经理

周甜
交互设计

尤毅恒
视觉设计

罗建军
交互设计

评委点评

第一阶段

邓俊杰

评委

①产品设计有一定的创新性,并且有比较好的商业前景,可以在社交性、趣味性上再加强一些;

②报告完整度较高,视觉设计上可以再提升。

李苏晨

评委

伙拼拼单模式在各大综合电商和垂直电商领域已经相对成熟,团队的产品在发起拼单的玩法上起了新意,但后续和商家的落地需要再多考虑一下。

第二阶段

杜浩鹏

评委

选题想法挺好,整个方案设计及阐述顺畅。相比分析设计过程,视觉方案相对粗糙,可借鉴竞品平台进行完善。建议在概念设计里加入判断推送与用户相关的内容。

李小成

评委

选题潜在客户庞大,需求分析都比较清晰、深入,但分析中所针对的潜在的客户人群缺少区分落地(品位区分、兴趣圈等)。建议突出这些比较有特色的功能点,做出差异。

学生感言

参加2016年的中国用户体验设计大赛，历时几个月的时间，对我们学生而言，是一次很大的提升和成长。

感谢UXPA为我们提供的这个非常好的平台和机会，也感谢我们的指导老师给我们的悉心指导，还要感谢评委老师提出的意见和建议，这些都使我们获益匪浅。

从最初的选题，作用户研究，做信息架构、流程图，再到低保真、高保真，拍摄团队视频和演示视频，再到语音和现场答辩，每一步都是一个学习的过程，也都有意想不到的收获。比如，在用户研究中，我们用了问卷调查、用户访谈和用户角色等方法，以前作用户访谈的时候只是浅尝辄止，这一次真正做到了以挖掘用户需求为中心，不断地问用户为什么，试图通过纵向的方法挖掘出潜在需求，做到以用户体验为中心。通过现场答辩时评委给出的意见和建议，更加明白了商业性的重要性，而要达到商业性的目标，首先要抓住用户真正的痛点。

最后，祝愿UXPA能越来越好。

智 育

一套帮助父母记录、检测婴儿日常生活状态和生命体征的系统。

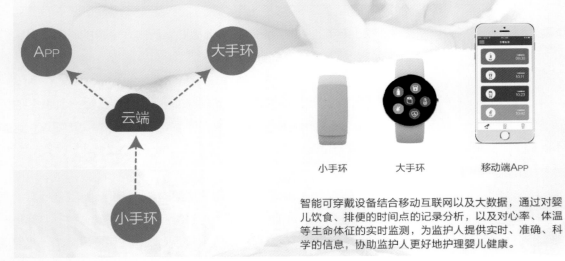

小手环　　　　大手环　　　　移动端App

智能可穿戴设备结合移动互联网以及大数据，通过对婴儿饮食、排便的时间点的记录分析，以及对心率、体温等生命体征的实时监测，为监护人提供实时、准确、科学的信息，协助监护人更好地护理婴儿健康。

主要材料——医用硅胶

使用方式
中间部位可拆卸，有五种不同腕带尺寸，可根据婴儿生长状况不同选择相应尺寸。

安全性
医用级硅胶，普遍适用于牙胶棒，即使是宝宝磨牙也不用担心安全问题。
专家表示，WiFi属于非电离性辐射，对人体的影响微乎其微，可忽略不计。

主要材料——硅橡胶

使用方式
当有提醒时，手环由轻到重振动，屏幕变亮，双击屏幕，记录时间，

振动停止，屏幕变暗。

自主记录，按下按钮，屏幕变亮，选择需求，双击记录，按下按钮，屏幕变暗。

安全性
硅橡胶材料无毒，耐低高温，耐酸碱，有弹性，易保养。

三等奖　项目名称　**智育**

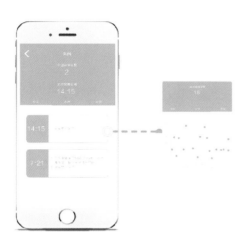

数据记录

智能可穿戴设备与App结合对婴儿日常生活中的饮食饮水等时间点进行记录，结合移动互联网以及大数据分析准确预测婴儿下次进食等的发生时间，及时反馈给监护人。

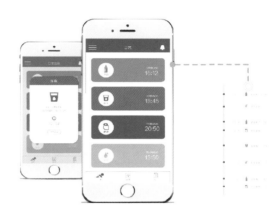

消息提醒

基于云端的数据库，对日常生活中的饮食、饮水和排便的时间点进行分析，为下一次时间点作出预测并将消息及时地反馈给手环进行提醒。

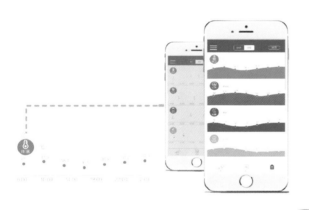

实时监测

通过智能可穿戴设备对婴儿的体温、心率进行实时监测，婴儿睡眠时心率的实时监测可以有效地防止婴儿猝死等意外发生。

一九九团队

文学
项目经理

张奥斌
视觉设计

唐蓉
交互设计

卢微微
产品架构

陈思宇
视频剪辑

李露
用户调研

评委点评

第一阶段

王军锋
评委

较为准确地把握了用户痛点，但方案中进食和饮水数据的手动输入会增加用户的操作负荷，建议进一步仔细考虑相关的解决方案。"预测儿童大小便时间"这一功能的原理并未解释清楚。产品的商业模式在故事板以及产品功能中体现不足，请进一步细化。

高闻嘉
评委

能够针对目前仅手机提醒的缺失，提出使用手环来作提醒，是蛮不错的想法。提案比较完善。建议进一步思考App的设计亮点，这块没有很好地深入思考，仅是展示。

第二阶段

傅小贞
评委

本项目团队的同学能比较细致地观察这个需求，在产品链路中设计了一系列的智能硬件，并有较好的可行性。对于大手环应该是最核心的设备，如何能在大手环中，让用户感知到各种提醒，还可以进一步思考。

学生感言

历时五个多月的比赛，一路坚持下来也是非常不容易。从开始的五个人到六个人，大家性格各异，我们不断磨合，发挥各自的长处。从选题开始，进行头脑风暴，迸发出一个又一个的灵感，然后一个个地筛选，最终选出一个大家都感兴趣的选题也是不容易。然后开始用户调研，电话加走访，了解用户需求，制订解决方案，不断地完善，一遍遍地修改视觉方案，熬了一个又一个的通宵，终于出来了一套较为完整的作品。

这个作品就像是我们共同的小孩，经过四五个月的孕育，终于呈现在大家的视野中，我们既欣喜又紧张，因为这是一个比赛，有胜出也有淘汰，虽然最后我们止步十强，但是过程更为重要，有争吵，也有感动，还有我们努力的过程，这将会成为我们人生历程中一段珍贵的回忆，回首时，我们可以自豪地说道："我们经历过！"这就很不一样了。

Behind every successful man there's a lot unsucces sful years.
（每一个成功者的背后都有无数不成功的时光）

"呜咪"是一款基于智能移动设备和数据远程传输技术的在线流浪动物帮扶应用。通过在线领养、在线助养、多人助养等方式扩大助养群体，让更多人参与到动物保护之中，共建和谐社会。

Part 1 用户研究

研究方法：访谈法、问卷法、二手资料调研

在校生　　　　上班族　　　　爱心人士

Part 2 用户路程

准备领养／助养	领养／助养中	完成领养／助养

① 参加线下活动
有事时无法参与

② 寻找合眼缘的流浪动物
人工筛选时间过长太多人选中的动物已经有了主人

③ 选定动物进行领养／助养
时间上的限制经济条件有限，不足负担

④ 填写领养／助养人基本信息
纸质版有丢失的可能

⑤ 选择领养／助养期限

⑥ 缴纳第一个月的费用
忘了带现金无法找零

⑦ 确认后续费用的收取方式

⑧ 每周去保护中心照顾助养的动物

⑨ 不能取得的时候请保护中心的工作人员拍摄动物的最新情况
无法找零

⑩ 定期缴纳后续费用

Part 3 商业模式

救助站　　　　　　　　　产品

用户

🏷 救助站合作
让救助站提供流浪动物给用户进行助养。

🏷 用户黏度
为用户提供以助养宠物为中心的群聊模式。每个用户都拥有自己的助养日记，和别的用户在日记下进行互动。

🏷 潜在消费
用户可以购买宠物的周边产品等。

Part 4 核心功能

社交性

注入多种社交模式，例如助养日记、群聊等，增强用户黏性

互动

注入多种社交模式，例如助养日记、群聊等，增强用户黏性

情感化

远程链接，举动尽在掌握

数据可视化
硬件、软件相互配合，宠物信息可视化，拉近人宠距离

商业化

提供实体周边产品，让用户更接近动物

在线商城
利用周边实体产品，刺激用户消费

核心需求　　　　　　　　核心功能

Part 5 UI展示

作品名称：鸣咪
团队名称：Ocean
院校名称：电子科技大学成都学院
指导老师：江南大学 张凌浩 教授
团队成员：陈睿婷 唐方怡 徐晨烨
　　　　　王雨轩 董建泉

董建泉
项目经理

陈睿婷
视觉设计

王雨轩
交互设计

徐晨烨
用户调研

唐方怡
用户调研

评委点评

第一阶段

张博
评委

选题不错,现在的比赛,只要有人文关怀气息,大多能取得不错的成绩。你们做的是平台,平台的功能性还好,最重要的是内容。你只调研了用户,但如何运营内容,我几乎没看到细节,只看到游戏化之类,怎么游戏化。方向是好,细节落地还有待加强。

第二阶段

张林娟
评委

整体还是不错的,有几个建议:①资料排列要按照先需求后概念的方式来展示。②目标用户群在需求分析和概念设计中不太统一。③整个App需要大量的资金和专业人员来运营,这个没有看到由谁来承担。④交互原型中,动画效果太生硬。

张健
评委

建议:①人物角色描述,可以以一天为时间轴进行描述,尽可能使人物故事细节丰富、充实。②App首页视觉与一般图片展示类App类似,没能体现App的特征。③硬件需要细化。

学生感言

作为一支跨学校、跨地区、跨专业的"三跨"队伍，非常感谢有这样的一次机会将喜爱设计的我们聚集到了一起，能够在这将近半年的时光里运用各自的学科特长来发现问题、思考问题、解决问题。在比赛的过程中，各位评委老师和指导老师也给予了我们许多富有专业性的建议，让我们对用户体验设计有了更为深刻的了解。

在这个"以人为本"的呼声越发强烈的社会，设计人的感受与体验显得越来越重要。通过对用户进行了解、分析、设计，能够使设计者拥有更加丰富的同理心，对社会中的细微之处也会拥有更为敏锐的感受。在进行调研的过程中，我们也对流浪动物群体的生活状况有了更多的认识，对于饲养宠物的态度也有了一定的转变。我想，不仅仅是人用设计改变了社会，设计同时也改变了人的思维方式，能够用Design Thinking思考的生活将更加美好。

非常感谢大赛的工作人员和所有参与者，让我们有幸经历这样一次成长，认识到自己的不足，还有很多需要学习、进修的地方。望我们在今后的学习、工作中都能不忘初心，为社会带来更多、更好的设计。

针对留守儿童单独出行问题，提供便捷的交通服务的可实时监控行程状态的出行平台。

一、市场背景

社会现象 留守儿童家长由于工作原因与儿童长期分隔两地，导致了孩子与父母之间情感交流不畅

出行服务 互联网技术使人们能更加快捷、安全地出行，但针对特殊人群互联网交通服务还存在部分缺失

技术支持 越来越多的信息化技术给信息的及时传达带来了方便，对出行的实时状况的信息掌握比较全面

二、用户调研

现状

长期分隔两地的儿童和家长，需要面对面的情感化交流。市面上没有针对特殊人群出行的产品。

需求

状况实时监控，交通出行安全，情感化交流。

设计机会点

抓住用户情感上的需求以及特殊人群出行的问题。

三、核心功能

智能推荐路线

App会基于用户制定的起始点模拟出可行路线，并优先展示最优方案，同时为用户提供自主切换可行路线的选择。

▎身份认证

用户需要提交身份证及职业相关信息的认证，通过App身份验证的用户才能获取参与护送的权利

▎交通工具可视化

更易于理解的图形使得用户能更轻松地获得路线的交通信息，形象、直观

▎智能推荐

根据后台系统对护航者护航次数及护航效果的评估，优先将护航信息推送至评分较高的护航者

四、设计展示

设置路线

起点+终点的信息输入方式
让用户便于理解，使用更轻
松，增加输入信息一次通过
的成功率

护航信息

护航进行时，App结合地图
向用户实时呈现被护送者的
具体位置变化，上层浮框保
障用户能随时与护航者联系

支付确认

弹窗支付确认，显示被护送
者的相关信息及路途总花销，
再次确认加深App用户的支
付安全感

作品名称

虎航

团队名称

DOO

院校名称

西南科技大学

指导老师

王军锋

杨小玉
产品经理

马冬梅
UI设计

刘莉萍
用户体验

袁利
交互设计

评委点评

第一阶段

张健
评委

项目的重点是如何保障儿童的安全,产生问题后的反应机制是什么样的? 如果是长途护送途中,对儿童的衣食住行如何管理? 可用性测试方式太简陋,可以采用原型工具制作可交互的原型用于测试。视觉设计水准有待提升,同时还存在颜色搭配及字体大等问题。

第二阶段

陆林轩
评委

需求分析:场景描述得非常细致,将护送路线上的环节需求都描述到概念设计:优点:①可用性测试所挑选的用户类型比较好。②交互稿和视觉定义都比较详细。几点疑问:①途中如何获知对儿童的关心程度? 光护送交接是不够的。②会不会存在诱导儿童通过认证,会不会存在身份造假等,建议再链接公安系统及个人信用等来综合考量护送人,安全是这一选择很重要的一环。③如在途中发生意外情况如何处理?

学生感言

在这次UXPA大赛中，能够获得好的成绩，我们感到很高兴。首先，我们要感谢各位老师和同学的支持。如果没有你们的支持，我想我们是不会获得这个奖的。

我觉得我们的设计能力并不是那么好，只是因为有老师在鼓励着吧？刚开始，我们都十分紧张，害怕会让老师失望，害怕自我能力不够。但是，有了老师的指导和同学们的帮助以及自身的不断努力，我们才有了现在的好成绩。

最后，多谢大家的鼓励与支持，我们衷心地感谢你们，我们会永远记在心间。我们会在接下来的道路上，不断地改善，不断地努力。

十强

台北赛区

长沙赛区

成都赛区

广州赛区 〉

上海赛区

北京赛区

▶ 一款结构化的学习软件

随时随地
记录所见所闻
分享所想所感
交流所疑所惑
让你感受不一样的学习乐趣

▶ 作品名称：稻米笔记

团队名称
大以一波

院校名称
深圳职业技术学院

指导老师
李东原

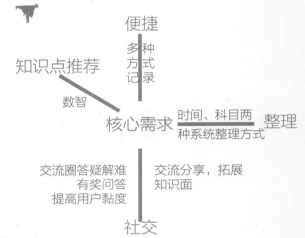

便捷
多种
方式
记录

知识点推荐

数智

核心需求　时间、科目两　整理
　　　　　种系统整理方式

交流圈答疑解难　交流分享，拓展
有奖问答　　　　知识面
提高用户黏度

社交

这是一款专注于整理笔记和答疑解难的学习平台

笔记编辑——简单快捷

重点功能，重点显示，从而达到快捷编辑笔记的目的，随时随地记录灵感。

- 选择编辑
- 添加图片
- 内容编辑
- 错题录入

笔记整理——有条不紊

简化优化整理的步骤，使用户有条不紊地整理笔记，同时在整理之余复习知识。

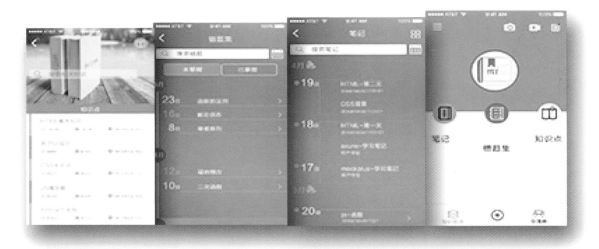

● 整理文件夹　　● 笔记整理方式　　● 错题文件夹　　● 知识点文件夹

答疑解难——资源共享

以论坛的形式来答疑解难，设有奖励机制去鼓励大学生提出问题或解答问题。

评委点评

第一阶段

赵彭

评委

关于分享功能，请考虑是否存在协作做笔记，或者组建学习小组（密友圈）的需求？感觉协作是一个创新点。流程图和信息架构是一张图，是否漏放了流程图呢？做笔记是为了日后有机会在断开一段时间后，再复习。所以，请考虑时间点的连续，比如加入提醒，提醒上课时间、考试时间、复习时间等。

第二阶段

戴士斌

评委

你们开发的应用非常实用，且蛮合乎上课需求，然如何延续你们的应用（提高用户黏着度），有两个建议，如下：①以你们的想法应该是整理及交流为主，但在交流部分价值度还需要再提升，例如：奖励机制、评估正确性机制、效益机制。②建议加入用户付费可追踪特定用户都在问什么？如何安排学习？进而被追踪的用户，也可以分到一些奖金，更可以让App的延续性拉高。

学生感言

从3月份开始组建团队，4月份网上报名参加，接着讨论主题，对目标主题进行线上线下的问卷调查，用户访谈，最后确定了选题。然而新的历程才刚刚开始，有那么几天真的整个团队夜以继日地做概念设计，自己测试完了又找目标用户作进一步的可行性分析，无数次头脑风暴后终于来到demo设计，这一路走来，我们团队越来越团结，越来越默契，我深深体会到巨大的集体荣誉感。

从0到1的过程固然艰辛，但是每次向亲朋好友介绍起自己的产品时一股成就感涌上心头，那是莫大的满足！很感谢一路帮助我们的同学、朋友，指导我们的老师，给我们建议的评委老师，还有大赛组委会，是你们让我们挖掘到自己在学习生活中的潜能。更重要的是我们渐渐地都明白了一个道理：经常吐槽某个软件用户体验不好，可当自己真正做起来，调研后才发现自己做的产品在交互等方面同样存在很大的问题。

一款便捷携带的
无纸化应用

随时随地，携带病历，
让你感受不一样的简便！

团队介绍

作品名称	院校名称	团队成员
健康履历	广州城建职业学院	

团队名称
二次方

指导老师
谢石党
广州城建职业学院
艺术与设计学院教师

 郑淑仪
产品经理

 蔡碧淳
用户研究

 蔡复城
交互设计

 周航
视觉设计

作品详情

 跟进服务

基于增强现实技术，将现实病情编辑到通过
App进行病情实情跟进服务，具有量身制作运
动计划、随时观看历史病历等功能，同时，可
以查阅到自己所阅览过的印记。

二维码

随时跟踪你的健康，让你便捷得到，又能便捷携带。根据所生成的二维码扫描，同时能快捷地把病历增至手机里，让用户随时携带，便于录入。

网页版的互动

基于院方对患者信息的阅读，注册则是院方给患者信息的保障，通过网页版的形式展现病历，可以轻松实现与患者间的实时互动。

评委点评

高闻嘉

评委

选题本身还是很有意义的，有一款App去收集一个人所有的病例，以便将病史完整地展现在医生面前，获得更准确的病情判断。下一阶段可以从以下方面去改善：①交互和视觉的输出质量有待进一步完善，建议参考比较完整的交互和视觉案例；②每个页面的细致思考，是否有优化和提升空间：a）注册是不是更简化、b）病例检索是否更便捷、c）医生和用户之间的信息传递和线下使用等；③医生的医嘱/相关病情资料的文章推送等是否能够围绕目前用户的病情做到持续的跟进，医治、跟踪疗效、保养等，一系列的医疗过程有个完整的闭环。

张挺

评委

谢谢团队成员到现在为止的努力！个人病例的便携性，无纸化是非常好的思考点。不过，一些核心功能的思考，譬如就诊、查阅既往病史等，针对用户真实使用场景的功能提供，信息架构的思考尚待提高。当系统逐步普及，但仍未达到所有医院、地区普及的过程之中，如何设想过渡型的功能来满足用户或者就诊医院医生记录、查找病例的功能，是本App的重点。还请团队在后续再接再厉！

学生感言

参赛到此，对我们是一种磨炼，经历了从未经历的参赛规则，总而言之，是对我们团队的考验，更是蜕变。第一次参加这样的一个比赛，经历了语音答辩、面对面答辩等环节，整个团队以共同的目标，日夜赶工、相互交流等，一句话说得好：人是需要有帮助的。荷花虽好，也要有绿叶扶持，一个篱笆三个桩，一个好汉三个帮。

专业老师和评委老师的指导和建议，使我们醍醐灌顶，是我们从未思考过的。在参赛过程中，我们得到的荣誉不仅是专业上的，更是思维上的提升。

在此感谢一路给予我们指导和帮助的评委、老师和大赛组委，特别感谢用户体验大赛这个平台。我们相信，因为有这样一个给学生的平台，学生的梦想必会如破土而出的野草得以盛长。

有追求，必有所成！

项目介绍

最具趣味性的流浪动物壹基金

以协助救助站为出发点，
通过建立信用体系、降低领养门槛等
手段来实现流浪动物问题的良性循环。

团队介绍

| 罗慧娜 | 吉丰盈 | 曾佩妮 | 陈伯伟 | 陈志龙 |
| 项目经理 | 视觉设计 | 交互设计 | 用户调研 | 用户调研 |

合心团队

■ **作品名称**
宠公益

■ **所在院校**
福州大学厦门工艺美院

■ **指导老师**
许文飞（企业导师）
汪少峰（学校老师）

作品详情

宠公益——最具趣味性的流浪动物助手
以协助救助站为出发点，
通过建立信用体系、降低领养门槛等手段
来实现流浪动物问题的良性循环。

低门槛公益：只需一块钱就能参与流浪动物线上领养。
游戏化养宠：通过游戏机制来增强用户黏性，以促进公益行为的自然发生。
信用体系的建立：通过量化，深入宠物领养的信用体系。

宠公益
在这里，与它相遇

评委点评

薛嵘

评委

整个产品的研究报告比较完整，但产品目标用户与设计解决的问题两方面没有非常清晰的针对性。造成在设计过程中缺乏清晰的方向与有力的依托。流浪动物是社会问题，单纯通过产品如何有效解决？这方面研究挖掘不够。公益捐助和宠物情感交流两点在整个应用中交错贯穿，造成对用户的深层动机定位模糊，影响整体设计思路。

陈华

评委

这组同学的选题比较有一定的社会性，在前期工作、需求分析、设计过程和可视化部分都看得出下了一些功夫，这是值得鼓励和肯定的。如果有机会进入下一轮的比赛，建议在看护者——照顾者和宠物之间关系，情感动态方面作逻辑分析、主次把握。这次评审过程中，大家因为在这方面准备不足，在答辩时显得比较仓促和混乱。请继续努力，加油！

学生感言

从最初的一个小小的关爱流浪动物的想法，通过团队头脑风暴，到宠公益的雏形。为此，我们一起去了流浪动物之家去做义工，近距离体验当中的不易；去宠物医院和医生进行访谈；在不熟悉的领域里，我们五个人相互鼓励，团队摸索前行。

横跨一个夏季的比赛，合心团队始终坚持，从一开始的争执到小组间合作学会求同存异，随着宠公益项目的完善，我们一步步成长。

在参赛过程中，导师的指导，同学、老师的反馈意见，在一次次会议中，我们的思维一次又一次地有了高度的提升。

十分感谢一路帮助过我们的同学，指导过我们的老师。我们将不断地完善产品中的不足，提炼产品中的亮点。

—— 宠窝设计理念 ——

"宠窝" 是一款给养宠、爱宠人士提供寄养代养服务的平台应用。为养宠却因特殊原因没法照顾宠物的人士提供一键寄养服务，为爱宠且有宽裕时间照顾宠物的人士提供一键代养服务。宠窝力争做到拒绝笼养、摆脱束缚、尽享自由、宠你所爱，给用户提供了一个全新的养宠体验。

团队介绍

指导老师

陈鹏
深圳职业技术
学院-讲师

团队成员

李东原
技术专家

洪蔓绚
项目经理

肖卓贤
用户研究

陈琳
交互设计

黄秋铃
交互设计

丘雪妮
视觉设计

作品名称

宠窝

团队名称

Triangle

学校名称

深圳职业技术学院

宠窝·宠我

功能介绍

即时寄养

即时寄养适用于不过夜的寄养服务

例如
上班族白天上班时间内早与晚间
遛狗以及喂养服务
周末外出
晚饭时间里的超短时间服务
……

长时寄养

长时寄养适用于过夜的寄养服务

例如
上班族长时间的出差
假期旅游
……

代养

具备半年以上的养宠经验，了解宠物健康知识才可正式成为代养家庭。

代养期间，与宠物主人保持联系，让他每天可以收到宠物的照片和视频，随时查看它的动态。

安全保障

寄养宠物审核 → 驱虫记录 宠物品种 疫苗情况 出生日期 绝育情况 → 保障代养人安全

安全保障协议

代养人审核 → 身份证验证 家庭环境审核 视频人像认证 → 保障宠物安全 寄养人权益

界面展示

养宠物	寄养详情	代养人详情	我的	申请成为代养人
宠物信息	寄养详情、接单页面	代养人各项信息	个人信息页面	成为代养人要求引导

评委点评

—— 第一阶段

杨延龙
评委

研究及设计过程比较规范，说下建议：①用户群跨度比较大，这样用户在使用场景和细化的功能上会有一些不同需求点，建议可以研究下用户的占比，以某一类用户为满足对象先做，再逐渐扩展到其他用户群。②软硬件相结合的项目，对于项目管理的要求很高，一些配合上的困难可以早作考虑。③和竞品对比，还缺乏明显的特色，建议抓住定位、代寄养、健康中的一点深入。

—— 第二阶段

陈华
评委

这个选题会比较有吸引力，也有不少市场需求点，但是，对于用户人群的定义、核心需求的把握还有待深入挖掘。这个课题服务的对象建议更精确，针对性强，其次从情感角度去把握宠物和主人的关系，全面地提供服务设计来作为整个项目的技术竞争的壁垒。

学生感言

整个比赛历时了大半年，从组队、确定选题、初赛、复赛到五十强答辩，每一个阶段我们都在学习、都在成长。参加这次比赛我体会到团队合作的重要性，团队合作少不了争吵争执，但只有团队里的每个人都有着共同目标、共同信念我们才能走得更远。在房间里我们可以为一个产品逻辑唇枪舌剑地争执，但出了房间，我们言笑自若，讨论该吃烤肉还是炸鸡。我想这就是团队合作的最大乐趣了吧。

参加UXPA用户体验大赛让我还了解到一个产品孵化的不易性，头脑风暴、市场调研、产品调研、用户调研、提炼需求……每一个阶段都很重要且必不可少。但每个过程都很有趣，因为你要亲自去宠物店走访调查，用户调研时要和陌生人去交流，去采访养宠人时还可以见到很多可爱的宠物，每一个过程都是一个很棒的体验。

逃花——为您提供更加安全的路程

打造专属女性安全的生态圈，
让您享受更具有安全保障的服务！

- 作品名称   ■ 所在院校   ■ 指导老师
逃花   深圳技师学院   谢丹妮

 连泽冰
队长

 王彦琦
队员

主要功能

隐藏式报警
连续按锁屏键报警
常规次数三下，可自定
自动语音向警方阐述方位

定位
显示地段位置安全指数
提供具有安全保障的交通工具
也可分享经历

设置
人性化更改设置

辅助功能
多功能、多方面考虑您的安全

搭配外设硬件

使用教程帮助您马上了解
如何使用App

打开App会有帮助您的使用教程，主要有以下几点：

一、让您了解如何使用隐藏式按键开启App。

二、让您进一步了解定位系统的不同。

三、了解辅助功能与设置。

四、让您设置紧急联系人和紧急短信。

三等奖

项目名称

逃花

强大的定位系统增加地段
安全指数，也可分享经历

定位系统设置了"导航安全路线"与"安全标识"两项功能。

"导航安全路线"能够告诉您所在位置的安全指数，并为您指导安全路线，为您推荐更为安全的交通工具，随时预报路况。"安全标识"可以编辑在所处的位置曾发生了什么事情，主要是分享经历，警示大家。

简洁、清晰的界面设计

界面简洁易懂，操作方便，整体以粉色调为主，针对女性，增强女性安全指数。

评委点评

李娟

评委

选题方向很好，选了一个当下比较热门的话题。目前有两点问题请改进：①前期采样数据太少，只有90多份，数据可能不客观。建议补充采样数据，大概要达到200份以上。另外，需要对数据人群作对比分析，比如调研人群的年龄、学历、居住环境等的不同，可能对安全问题的看法不同。再次，现在定位的两类人群，一类是独自上下班的，一类是经常出门旅游的，问卷里面有没有针对这两类人群作深入的分析？②最后的产品是App的方式，有没有考虑过App在危险环境下很难使用？真的遇到危险，还要摸出手机、解锁、打开App，找到相应按钮，估计人已经被拖出去"卖了"几次了。市面上的女性安全设备，一般都是外置设备，或者外置设备+App（App只是辅助或者管理）。考虑一下是不是可以加方便、实用的外置设备，很方便地就可以悄悄报警、录音等。这样你们的产品才有实用价值，而且相关的技术在市面上也很成熟。

学生感言

在此，首先感谢所有老师、评委，感谢你们在我们参赛时给予的帮助与鼓励。还有我们的专业老师，无论什么样的难题，她总能耐心地为我们讲解，提供无数的方法让我们更加完善自己的产品。还有一路上一起肩并肩，共同面对难题的伙伴。

从概念设计到Demo设计，从语音答辩到面对面答辩，我们一步步向前迈进，虽有过抱怨，但我们从未选择放弃，依靠的都是对产品的热爱！既然选择了它，我们便努力将它实现。

在参加大赛的过程中，我们不断地在学习、提升自己，大赛给予我们在学习生活中体验不到的机会，学无止境，无论成功与否，至少我们不是空手而归。

一款专注于家装设计、
家居产品购置的便捷App

为设计师与家装需求者提供交流与展示平台
运用AR（增强现实）技术
通过多种屏幕触控技术对产品虚拟模型进行
展示为用户展现家居产品真实的摆放效果

零下五度团队

- **作品名称**

  小木屋

- **所在院校**

  福州大学厦门工艺美院

- **指导老师**

  李双

  曾庆利

张家诚
交互设计

崔泽东
交互设计

范明伟
产品经理

黄生辉
后台程序

赵梓彤
用户研究

付茜
视觉设计

作品详情

▶ 商城

推荐、销售优质家居产品。

▶ 笔记

用口碑营销的模式为用户创造一种更加真
实的购买环境，让其他使用者相对客观地
评价商品质量而非商家对自己产品的大力
推销，为从事家装、家居设计的设计师、
设计爱好者提供一个交流与推销平台。为
用户提供合理的家装建议。

▶ 模拟

虚拟产品模型运用AR（增强现实）技术，
通过多种屏幕触控方式进行编辑或放入室内
环境中，使用户更直观地体验到想要购买的
产品是否与家中的装修风格匹配。

三等奖　项目名称　**小木屋**

选取场景

AR 模式　拍照模式

使用场景

模拟使用效果

完成，分享

- 单点触控 移动
- 3D压力触控 万向球
- 多点触控 放大、缩小

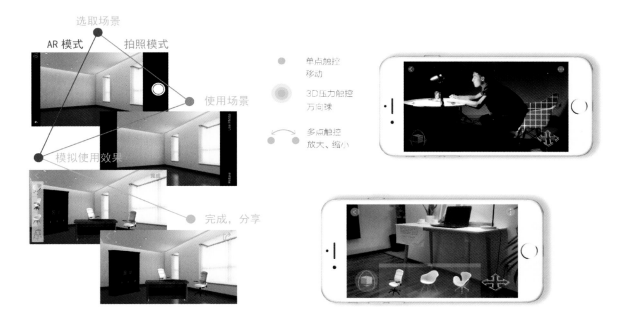

产品亮点 ▼

家居产品推荐与销售

小木屋　家装设计展示

虚拟家居产品

家居产品购买前景预览
便捷、放心地购买到合适的产品

用户定位 ▼

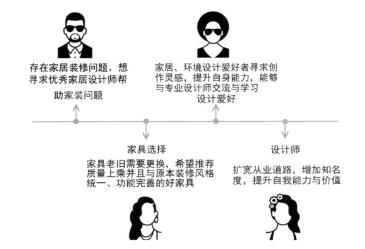

存在家居装修问题，想寻求优秀家居设计师帮助家装问题

家居、环境设计爱好者寻求创作灵感，提升自身能力，能够与专业设计师交流与学习设计爱好

家具选择
家具老旧需要更换，希望推荐质量上乘并且与原本装修风格统一、功能完善的好家具

设计师
扩宽从业道路，增加知名度，提升自我能力与价值

评委点评

第一阶段

朱洁

评委

请后续好好思考并优化一下以下几个问题：建议："热门"对应的是论坛吗？从名字完全没看出来。论坛分类也很隐蔽，一眼看去完全想不到。"敲门"没有设分类吗？如果用户想看某一风格的房间该怎么操作？商城的话，其实家装产品比较特殊，大多数人还是宁可去实体店看样购买，所以App中未必需要有直接购买的功能，只需提供购买的线索就可以了。

第二阶段

秦强

评委

建议完善增强显示技术，使得核心功能点——实时显示家装效果，更加有说服力。

欧阳雷

评委

每个用户体验设计流程都基本完整，但是产品的功能不是特别能反映，是在基于研究阶段发现的问题之上作的相应设计部署，亮点还不够突出，建议再回头梳理下用户真实场景下的需求，有重点地、更好地突出解决1~2个痛点问题。

学生感言

非常高兴能参加这次用户体验设计大赛，一次经历，就有一次成长。比赛的整个准备以及参赛过程对我们来说无疑是一次美好的回忆。首先很感谢主办方举行这次设计大赛，让我们有机会发挥所长，展示自我，在比赛的同时认识到我们团队的缺陷和薄弱所在。在比赛期间，感谢对我们提出宝贵意见的同学和老师们，感谢老师的用心辅导。

在今后的学习道路上，我们将继续捧着一颗热忱的心，努力学习，将自己的全部智慧与力量发挥出来，勤奋敬业，激情逐梦，在未来的道路上执着前行，努力做到更好！

拥有业主服务和物业管理两大平台、
十余种实用功能，方便快捷，
全面实现小区数智化

业主、
物业管理
两个用户端

 ## 服务管理两大平台

一个初衷
两个用户端
十余种
实用功能

- 业主缴费、维修、清洁、保养等
- 通过 App 业主端向物业申请服务
- 物业管理者接到申请
- 向维修、保洁等服务者直接派发任务

 ## 连接物联网管理

门禁、
停车场、
监控系统
App
客户端
物联网
平台

- 门禁、停车场、监控视频连接物联网
- 业主与物业管理人员都可在App实时查看当前状况

可沟通平台

业主端
发出反馈　平台　物管端
收到并改进

- 业主端设有每月评价、项目投票及社区公告等
- 业主可对物管工作情况作出评价
- 得到高分的物业管理人员可获得对应的物质奖励

Wuli -Team

李怡欣

项目经理
视觉设计

刘静燕

交互设计

黄木林
用户研究

张静妮
用户研究

评委点评

第一阶段

薛嵘
评委

整体方案完成度高，研究分析过程完成充分，发现的有价值的设计点较多，应该作更进一步的分析和挖掘，注意在选择核心功能方面进行萃取，选取最有价值的重点来做，应该可以做出更有特色的精致产品。

陈华
评委

这是一组比较成熟的团队作品，大家在前期的用户分析，以及痛点和需求挖掘方面都做得不错，对物业工作中的一些细节和市场空缺也有把握。建议在后续研究中，把目标用户再精细界定，从生态系统、主要家庭关系多方面有体系和质感地把握，做好更细腻的体验和设计。加油，谢谢！

第二阶段

秦强
评委

设计流程非常清晰、合理。选题切入点很好，以App作为业主和物业管理沟通和评价的平台是新的创新。建议将交互设计细化，例如业主如何定期进行物业管理水平监督和评价，从而提高服务质量？视觉设计也需要细化。

学生感言

从开始初选到正式参赛的这段时间里，我们经历了很多，从入选的喜悦到准备的挫折，在这个过程中我们不断地体会着每一个细枝末节。每一次老师给我们指出错误我们都要去反复地琢磨，反复地改，遇到了很大的麻烦，在收集资料的过程中也遇到了很大的困难。过程中，我们心情烦躁的时候真想过放弃，但是，转换过心情之后想想却没有任何放弃的理由，就继续给自己打气投入到准备的过程中。有时舍友都很不理解这种早起晚睡，但自己心里很明白到底是为了什么，就在这种不理解中坚持了一个多月。在这个过程中老师不断地给我们指导，为我们改正，甚至是一字一句地教我们如何设计得更好，我们被这种甚至比父爱都强烈的爱感动着，也深深体会到了老师的伟大，最终也没有辜负老师的期望，得到了好的成绩。

目民App介绍

目民，是一款量身定制你的优质睡眠的App。通过配套硬件监测用户的脑电波，进而得到睡眠数据，利用得到的数据分析为用户定制助眠方案；此外，用户还可以根据自身睡眠状况，选择在线问诊。目民App的助眠方式别具一格，分别是：游戏助眠、音乐助眠（硬件根据脑电波定制播放相应放松的音乐）、硬件按摩助眠。特别地，目民App 的微社交还可以让用户感受到一种关怀，让朋友帮助用户改善睡眠。

用户调研

入睡习惯和心理特征：
观察用户行为和习惯，了解用户遇到的问题与潜在需求

睡觉中的情况：
了解用户在睡觉过程中的情况

想要的睡眠：
了解用户想要的睡眠

目标人群

20~45岁有睡眠困扰的年轻人

核心主线
监测分析、多维度睡眠、优质睡眠

体验关键词
专属，体贴、新颖，有效、形成

体验的提升
功能性需求、体验性需求、情感性需求

核心功能

别具一格的助眠方式

目民App多元化、新颖的助眠方式轻松应对不同用户不同的失眠状况。

体贴入微的在线问诊

在线问诊的时候，可以分享睡眠报告给医生，让医生得知用户最近睡眠状况。

监测并记录用户的睡眠情况，统计分析用户的 睡眠数据，自动生成有针对性的用户改善睡眠的方案。

全面系统的监测分析

监测并记录用户的睡眠情况，统计分析用户的睡眠数据，自动生成有针对性的用户改善睡眠的方案。

关怀备至的助眠关怀

微社交的引入是为了用户在改善睡眠的过程中得到朋友的帮助，让用户感受到一种关怀。

 设计展示

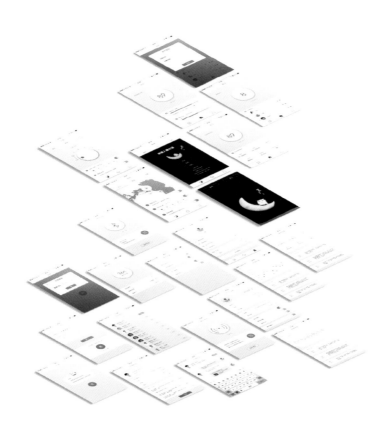

评委点评

高闻嘉

评委

本团队在答辩还是相当从容的，对于评委的各角度提问都能给出自己的思考，在本组中算是比较好的。提案本身是个不错的角度，针对睡眠这一现代人的困扰集中提出解决方案，能够紧扣立题。希望再接再厉，后续可以从以下几方面加强：①设计稿的质量，设计稿的精细程度和完整程度比较一般，建议能够多学习下，提高整体输出质量。②对于关键页面，希望能够有一些系统化的思考，拿首页为例，用户最常见的场景是什么，如何持续性地进行帮助改善，从而做出更完整、更有针对性的方案。

张挺

评委

谢谢团队成员的努力！整体资料准备充分，输出质量较其他团队都要好。对功能进行了调整，踢出了不重要的功能，更好地凸显了产品的核心竞争价值。提出了改善睡眠质量的游戏，以及音乐的两种解决方案，希望在设计后期能够对二者的实际效果进行用户验证，提高产品的可信度。圈子模块的目的希望能够再进一步深度思考，个人睡眠的隐私等敏感问题与微社交是对立的，如果能够添加将微社交变成含蓄的朋友圈，帮助用户改善睡眠效果的功能，会让产品具有更大的意义。个人感觉，硬件设备还是略显厚重，是否可以更轻量化而不妨碍用户睡眠，仍有有待提升的空间。后续再接再厉，加油！

学生感言

在比赛的整个过程中我们收获了知识、爱、友谊。在准备的整个过程中我们学会了如何调查，如何让自己的作品更加完善。虽然在摸索中前进的过程是艰辛的，但这一点点的艰辛与收获的成果相比就微不足道了。在老师不断地指导中，我们也渐渐地体会到了做好一个项目我们该做什么，包括怎样去调查，怎样把项目的功能更加突出，甚至怎么把这个项目存在的意义讲解出来。还有，作为一名用户在使用项目中该持一种什么样的心态与目的，这些知识是我们以前在学习课本知识中从没有接触过的，而在这个过程中却收获了很多很多。

与此同时，我们还收获了真挚的友谊，在比赛的这段时间里小伙伴们共同地努力争取实现最终的目标，打成一片，从此又多了好多的朋友。总之，虽然比赛的结果是重要的，但是，在准备的过程中收获的东西更真实、更有意义，我们收获并快乐地体验着这个过程。

十强

台北赛区

长沙赛区

成都赛区

广州赛区

上海赛区 ›

北京赛区

FreshTrip

旅行的意义在于全新的生活体验
精彩之处是对未知的探索和与另一个自己的不期而遇
但未知又让人缺乏安全感
既能处处遇见惊喜，又能时时感到安心
给你的自由行真正意义上的自由

向导合作模式

FreshTrip 创造性地使用了向导合作模式，对于外语不够好的向导，可以招募外语流利且对自己的路线感兴趣的语言向导。

官方合作路线

FreshTrip 与旅游局、博物馆等官方机构合作，使本地向导可以接触到高质量的文化资源，提升路线的文化层面质量。

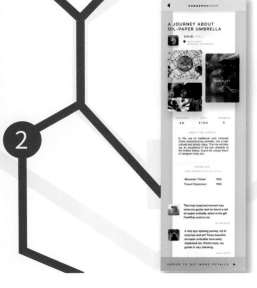

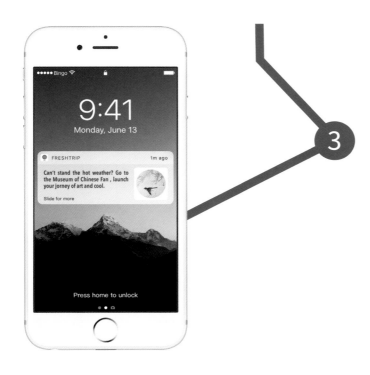

③

附近卡片推送

FreshTrip 可以根据游客所在的地区著名景点、季节、天气、时间等为游客进行卡片式路线推送。

产品定义

- 为到中国旅行的外国自由行旅行者在旅行中提供阶段性的应用
- 以学生群体作为平台内容和服务的提供者

学校名称

江南大学 & 浙江大学

团队名称

Bingo

团队成员

何卓嫔　李婷婷　朱琦
金程炎　郭晓蕾　张恺

评委点评

第一阶段

郝华奇
评委

将旅游和大学生进行结合，有助于外国友人对中国的了解以及大学生的社会实践。但是在设计的时候需要正视服务的正规性问题，以及提供服务和接受服务的公平性问题。在资质方面可以和国家的正规渠道对接，有利于整体的健康发展。同时，建议尽可能定位大学生协助外国友人旅游的独特价值。

第二阶段

李苏晨
评委

①选题较为切题，用户研究与需求分析报告整体相对完整；②产品的亮点与新意还需要打磨，蚂蜂窝等相对成熟的旅行相关产品也有向导类的服务，选手需要考虑的是如何做出新鲜感和差异化，旅游行业相对小众，产品也很容易有市场，毕竟爱旅游的人们各不相同；③大数据模型如何将导游和游客进行精准的匹配是需要接下来深入的方面，向导的标签会来源于他本身产生的内容，游客也是，建议考虑从内容下手，也能丰富产品本身。

学生感言

说实在的，参加这样综合性的UXPA大赛还是第一次，作为学生的我们没有经验，所以参赛前总感觉很紧张、手足无措、无从下手，为此我们的指导老师利用双休日和课余的时间，根据参赛要求对我们进行理论和实际操作的训练，并不断鼓励我们，使得我们在参赛前有了充分的思想准备。尽管这样，参赛给我们的第一感受就是紧张，直到把第一轮作品交上去，中午半小时吃饭都觉得没有胃口，边吃还在边想下一个环节该怎么做；第二感受还是紧张，感觉时间不够，上交作品的内容量大，比赛中还需要根据主题进行构思和再设计，补充新的知识和内容；再者是很有压力，在比赛现场，时时处处都可以感受到心灵手巧的同行们，独具匠心的设计作品，对我们参赛者而言是一种很大的挑战。

参赛是紧张而激烈的，但对自己又是一种鼓动和激励，有句歌词是这样唱的："不经历风雨，怎么见彩虹"，这次比赛让我们无论在专业理论还是专业技能上进步、成熟了不少，尽管一路走来也十分辛苦，但是却使我们多了一种充实自我的经历，多了一份专业的经验，多了一份坦然面对的自信。获奖说明我们具有实力，能经受考验与挑战，我们的努力终于得到了回报。我们要继续不断地努力和筹备，争取在之后的项目中发挥我们最好的水平。

阅芽 读乐乐·众乐乐
Readout

针对6~12岁儿童的亲子趣味阅读平台

为用户提供基于优质内容的多元互动
打破传统阅读概念
重视阅读兴趣与感受能力培养
把握发现、创作、互动三个行为，为用户设计针对性的阅读内容

Before

阅读与其他兴趣爱好不同，如何满足孩子展示的要求？就像读了半年书不见得文笔好，跳了半年舞蹈不见得就能上台表演了。

After

在"阅芽"App创作、PK板块里可以通过视频、音频对原文进行朗诵、表演，展示对原文的理解和二次创作。

Before

家长对孩子缺乏深度的了解和良性的互动，导致共同语言的缺失。

After

"阅芽"多种社交化激励机制让孩子跟家长在快乐中沟通、交流，一起爱上阅读。

Before

家长对孩子的兴趣点不了解，对阅读材料不熟悉，困惑于如何选择适合自己孩子的阅读内容。

After

"阅芽"App推送每日精选，有营养的内容、有趣的形式，各种主题，让父母和孩子一起学习。

| 创作主题内容界面 |

从主页到具体创作内容介绍，核心操作流程的界面。

院校名称
江南大学设计学院

团队名称
Wellme

作品名称
阅芽

指导老师

团队成员

辛向阳
教授

吴祐昕
教授

刘怡
产品经理

李雪
用户研究

李博文
视觉设计

张凯欣
交互设计

王红梅
前端开发

袁琦
后台开发

评委点评

张挺
评委

整体感觉：①无论是从方案构思的创新性，用户体验研究、商务模式策划的完整度，信息架构的完全性，设计亮点的凸显，到最后的报告呈现的内容完整性，视觉呈现都非常好，完成度高。感觉到团队是真的在用心地做设计。②感觉通过人脸识别技术、定位相关技术完成视频的二次创作，是一个对提升互动效果、创作完善度很有意思的功能点。建议：后续过程中，继续完善App内容的同时，针对商业模式、渠道铺设等，如能够有更加完善的思考提案，会更锦上添花。

陈华
评委

很用心的研究，全面的规划和精致的设计，建议在后续开发中，更好地将用户语言，归类为情绪主线，抽象为核心动机，有针对性地指导产品主要功能设计。

傅小贞
评委

整个分析和概念设计过程非常完整，各类方法使用得当。在需求分析阶段，还有人脸识别技术的可行性分析也比较到位。建议在原型设计中，还可以再区分一下两类用户（家长与小孩）各自的子需求，为谁设计，其在设计中如何表达，并得到更好的结果。

学生感言

阅芽是我们的参赛作品，也是Wellme团队的心血所在，在UXPA的整个赛制过程中，阅芽每个阶段的成品都是团队合力突破而成。为了能给孩子们带来更好的阅读启蒙，发现、发展孩子们最为本质的创作力是阅芽一直崇尚的理念，而让这个理念能够真正地落地，我们也经历了不同的阶段。

阅读不是一个很好做的选题，传统阅读产品市场饱和的现状在选题之初便一直是团队的一块心病，无论是人群选择还是阅读方式创新抑或是内容选择上无一不叩问着我们自己。最后，用户给了我们答案，通过多次的调研我们发现了阅读趋势新的一次机会点，从而也完成了阅芽最初的雏形。

详细设计的时候，因为阅芽的初步方案中，强调的重点功能太多，导致用户在接触之初常感到迷惑。大量的调研之后我们发现需要一点一点地减去与阅芽无关的功能。"减法"永远都比"加法"更加熬人，感谢大会评委和我们的导师们，他们在阅芽最初的方案中一点一点地跟我们将想法细化，凸显特色。阅芽不再是一个大而全的阅读软件，此时它初步展现了它的独特性。

深化设计中，我们寻找着阅芽中我们应当强调的最具有价值的核心。在过程中，我们发现我们的设计诉求不再是一个泛泛而谈的面，阅芽的理念是深入到设计中每一个精心的亮点。

瞳行

一款提高视障人群出行体验的公益应用

用视频将彼此联系
以产生情感的共鸣
不管您忙碌或空闲都可以帮助更多的视障人群出行

▌▌**目标人群** ●

针对视障人群及其家人，分别设计了视障人群端和家人端两个客户端。

通过两方面人们的互动，使视障人士在出行过程中，获得家人们的关心和帮助。

陪伴同行

用视频和地图结合的方式，将自己所在的周围路况环境发送给匹配的在线帮助者，在线陪伴

鼓励出行

若发出请求，无人接应时，提供出行选择（提供公交线路、一键呼叫打车等功能）

标记障碍

标记障碍，帮助更多的视障人群更好地出行，增加熟悉感，提高出行体验

在线预约

空闲时间｜出行前，接收｜发送预约帮助，匹配最适合的在线陪伴出行

评价

评价，对帮助者来说，自己的评价积分越高，自己家的盲人受到的帮助也会更好、更多

指导教师　苏州工艺美术职业技术学院

马华　周沁

ZIz团队

张明亮　罗芳　张冰瑶
用户研究　视觉设计　交互设计

评委点评

第一阶段

秦强
评委

项目选题新颖，以帮助残障人士为服务对象，充分体现了人文关怀。在产品设计上考虑让盲人家人帮助其他盲人群体出行具有一定的可行性，但在安全因素上的考量稍欠周全。此外，在设计报告中只见到产品设计流程图，没有看到具体的视觉呈现。希望参赛者能进一步完善。

颜显进
评委

选题新颖而具有社会关怀意义及价值。用户需求分析方法选取适当，分析结果与过程结合较紧密。但因为该项目具有一定的安全及伦理考虑，同时用户群体为特殊群体，在应用方面会有一定的障碍，但没有看到对这种障碍的较为落地的解决方案，望后期改进。

第二阶段

郝华奇
评委

通过调用社会力量来帮助视力障碍的伙伴出行，是一个比较好的创新服务模式，在求助的对象方面考虑了经验值，能够有效地协助。产品里面有地图的协助，也有人员的视频协助，是能够进行推广的。

学生感言

参加这个比赛过程中，我们通过实地考察、查阅大量有关资料、与同学交流经验和自学、并向老师请教等方式，使自己学到了不少知识，也经历了不少艰辛，但收获同样巨大。

在整个设计中我们懂得了许多东西，也培养了我们独立工作的能力，树立了对自己工作能力的信心，相信会对今后的学习、工作、生活有非常重要的影响。而且，通过这次比赛大大提高了动手的能力，使我们充分体会到了在创造过程中探索的艰难和成功时的喜悦。虽然这个设计做得也不是很完美，但是在设计过程中所学到的东西是这次参赛的最大收获和财富，使我们终身受益。

在这里非常感谢一路帮助过我们的同学，指导过我们的老师，给过我们建议的评委老师，同样也非常感谢用户体验大赛这个平台，给予我们学生一个施展的平台。虽然结束了，但这只能是一个开始。今后作为设计人员，要学习的规范、理念、方法还有很多。

充实光辉，不管未来怎样，我们都将不懈努力！

"基于大数据为爱吃爱分享的年轻人提供群体消费决策、个性化餐厅推荐等服务的美食平台"

更好玩

以年轻人为主的用户群体，为其提供趣味化的交互方式及更好玩的体验

"嘭一嘭"

产品亮点

更智能

口味变了？
没关系
哼吃比你更懂你

产品基于大数据，具有一定的成长性，会随着用户数据的变化而变化，从而进行更精确的推送

更贴心

想看口味变化？

有！

想秀一秀美食？

行！

满足年轻人的好奇心理，使其能观察到自身的口味变化

青年人聚餐的特征就是拍照，在分享的同时哼吃也能获得用户的口味数据

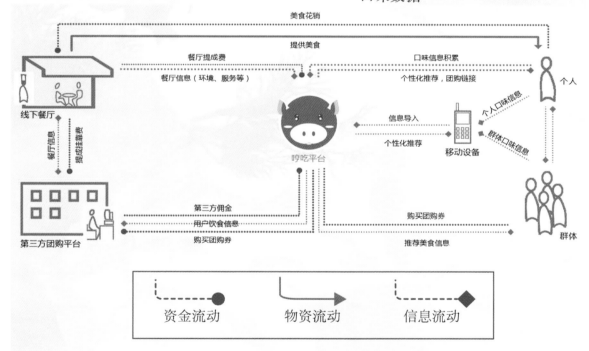

美食花销

提供美食

餐厅提成费　　　　　　　　　口味信息积累

餐厅信息（环境、服务等）　　　个性化推荐，团购链接

线下餐厅　　　　　　　　　　　　　　　　　　个人

餐厅信息　　　　　　　信息导入　　　　　　个人口味信息

提成挂靠费　　　　　　个性化推荐　　移动设备　　群体口味信息

哼吃平台

第三方佣金　　　　　　　　　　购买团购券

用户饮食信息

第三方团购平台　　购买团购券　　　　推荐美食信息　　群体

资金流动　　　物资流动　　　信息流动

院校名称：江南大学设计学院　　　　　团队成员　　团队名称　　指导老师

王磊　　　党向前　　　杨阳　　　王琳　　　洪翔　　　人民工设　　江南大学设计学院

产品开发　　交互设计　　视觉设计　　用户研究　　产品经理　　Design Me For Yourselves　　吴祐昕教授

评委点评

第一阶段

赵彭
评委

建议：①希望设计方案能更好地紧扣个性化推荐（如何调众口？）。②前期研究方法很多，但是核心结论还不够精炼，研究方法部分内容赘述太多。③交互设计和视觉设计部分要更深入。App和猪猪的头像配色理念雷同，同时考虑是否大众可以懂得哼槽、哼一哼是什么意思。

第二阶段

贺炜
评委

数据来源是哪里？吃是一个个人意愿比较强的行为，或者口味区别比较大，如何处理数据，推送最准确的数据以及数据背后的逻辑，这个要想清楚。

学生感言

付出就有收获，其实我们的学习又何尝不是这样呢？作为一名设计师，每当看到优秀的师兄师姐拿到优秀的设计证书而露出会心的微笑时，每当设计师为用户设计一款项目而得到他们的真心使用时，每当设计师为用户解决完难题看到他们舒展的眉头时，我深刻地感觉到了作为一名设计师的价值，也体会到了付出的快乐和收获的幸福。

参加这次比赛，我们的感想很深，既然选择设计专业，就得不懈努力，以后要走的路还很长，自身不如别人的地方还有很多，要学习的东西也还有很多。但是我们相信，只要我们在以后的学习中勤勤恳恳、不断创新，就一定能在设计这个平凡的领域中做出不平凡的设计作品。

LOGO选用光圈基本造型，与APP的
名字"HOLOSCENE"呼应。

同时也像一只眼睛，象征用户用这款
APP可看见一个全新的世界，给用户
不一样的自由行体验。

光圈并不完全填充，意为现实与虚拟
世界的叠加，暗示了AR功能。

橙色明亮欢快大方，给旅行者舒适轻
松愉悦之感。

字体选用：苹方
示例：HOLOSCENE，您的私人导游。

配色说明：

#a9c038 主色
#febc28 主色
#48c9e5 点缀色
#ffffff 背景色

Holoscene

团队：从众

增强现实

透过增强现实(Augmented Reality)
技术与基于位置的服务(LBS)的结合，景
点位置、食宿信息、路况导航跃然「指」
上。

发现

在「发现」中与其他用户分享旅行
过程中的点点滴滴，通过「位置卡片」
还原精彩瞬间。

功能模块及功能原理
Function Module and Principle

发现	增强现实	我的
■ 定位	■ 路线选择	■ 历史行程
■ 搜索	■ 路线导览	■ 个人设置
■ 找攻略	■ 商家信息	■ 最近活动
■ 地图包	■ 景区、景物简介	■ 关于我们
■ 最推荐	■ 天气显示	■ 软件更新
■ 游记资讯	■ 涂鸦墙	

通过GPS定位技术，在大数据的背景下，智能推荐相关旅游信息，也能搜索查看想获取的信息。

把视觉信息叠加到现实世界，达到超越现实的感官体验。不仅创新实用，而且能提升用户旅游的趣味性。

记录用户曾使用过此APP的旅程，让用户日后多一份美好的回忆，提升用户粘度。

使用场景：旅游途中，包括路上与景区。
用户粘度：为用户提供更真实更具趣味性的旅游体验，显示各种旅游资讯并记录旅程

评委点评

刘彦良

评委

①想法很好，用户痛点和AR解决方案关系紧密。②技术层面可行性需要准确评估，现在的解决方案里没有评估的调研。③AR场景需要再挑选，建议再细分。④视觉规范较为不完善，后面阶段建议多加强设计的细节。

曹稚

评委

选择这个作品晋级是我们权衡了多个可能晋级作品并且讨论、纠结了几天之后而定的。这个作品胜在敢于涉足技术的最前沿，并合理应用了技术，提供了用户旅行时更为沉浸式的交互体验方案。请团队在下一阶段好好梳理目前的问题，加入技术可行性分析，使方案更具说服力，加强设计的表现力，考虑简化交互层级，提供更易上手的体验。请珍惜这个晋级的机会，因为有两个非常优秀的作品因为你们的晋级而被淘汰。加油！另附上我在答辩时提出的问题和建议：问题：景区选择是必需的第一步吗？如何快速让用户进入到核心功能？建议：①需要技术可行性的研究。②考虑影响路线的多种因素，如交通工具的不同。③考虑游记如何呈现——考虑与VR的结合？

学生感言

在比赛过程中我们收获了能力。每一次经历都是一份收获。从第一轮上交作品时的紧张再到第二轮时的自信，在几个月里，我们成长了很多。专业的学习只有不断实践才能进步，它是对反应能力、平常交流能力、设计能力的考验，其实，我们每个人都可以应对，只是换到比赛就容易因为紧张而手足无措，比赛正是一个很好的锻炼我们自己的机会，我们都应该珍惜这样的机会，抓住这样的机会，锻炼自己、展现自己的风采。

在这次比赛过程中，其实最重要的，是我们在比赛中体会到的团结氛围。老师的指导，师兄、师姐的帮忙，因为他们，我们才能一步一步走向成功。当我们比赛时，班里同学、周围的朋友，向我们投来一个个信任、坚定的目光，他们的呼喊，他们的加油，都使我们觉得我们的努力不是白费的！有这样一个大家庭给我们支持，使我们浑身充满了力量！比赛结束时，他们向我们竖起了大拇指，以及给予了响亮的掌声。这种团结、这种友爱给了我们最深的感触。

Castle cycling 城堡骑行

这是一款基于休闲骑行理念的游戏化移动应用,主要面向都市中业余爱好骑行人群,针对用户骑行路线规划繁琐、骑行模式单一、骑行过程单调等问题。在骑行过程中加入游戏化元素,利用第三方大数据分析生成个性化路线,引入任务奖励机制,让用户体验新的骑行娱乐方式,让骑行休闲化、大众化。

侯江媛
产品经理

王佳君
交互设计

杨柳
视觉设计

姜然
视觉设计

陈奕君
用户研究

壹捌零零

团队来自江南大学设计学院,由五位设计专业的小伙伴组成,包含工业设计工程、设计学、视觉传达专业。

高保真

1. 城堡推荐、路线模式选择

2. 游戏化任务、获取购物优惠券

3. 兴趣化城堡主题情怀社交

系统图

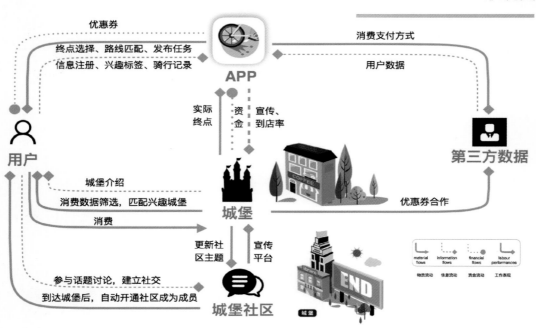

情境图

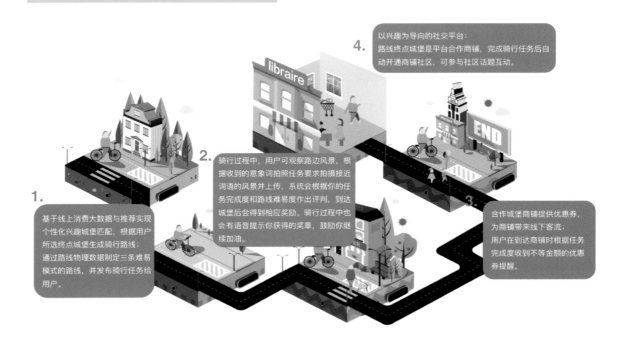

4. 以兴趣为导向的社交平台：
路线终点城堡是平台合作商铺，完成骑行任务后自动开通商铺社区，可参与社区话题互动。

2. 骑行过程中，用户可观察路边风景，根据收到的意象词拍照任务要求拍摄接近词语的风景并上传，系统会根据你的任务完成度和路线难易度作出评判，到达城堡后会得到相应奖励。骑行过程中也会有语音提示你获得的奖章，鼓励你继续加油。

1. 基于线上消费大数据与推荐实现个性化兴趣城堡匹配，根据用户所选终点城堡生成骑行路线；
通过路线物理数据制定三条难易模式的路线，并发布骑行任务给用户。

3. 合作城堡商铺提供优惠券，为商铺带来线下客流；
用户在到达商铺时根据任务完成度收到不等金额的优惠券提醒。

商业画布

重要伙伴	关键业务	价值主张	客户关系	客户细分
线上数据提供方 城市特色商铺 第三方应用平台	路线设计 任务颁布 奖励机制 社交圈	线上数据推动线下消费 线下数据完善线上数据 兴趣化导向型社交打造休闲骑行娱乐方式	用户线上互动，线下骑行 店铺线下组织活动，线上推广	业余骑行爱好者 大学生 上班族 城市特色商铺

核心资源

个性化城堡匹配
路线模式计算
GPS技术
大数据支持与数据反馈

渠道通道

移动设备
线下活动

成本结构
平台设计开发经费
团队运营及推广经费

收入来源

商家推广及广告投放费用

评委点评

第一阶段

王军锋

评委

商业实现和社交功能考虑较为完善，产品的功能属于"锦上添花"型。但太过注重商业，对骑行行为本身的关注较少，对骑行过程的痛点未作研究和分析，这一产品完全可以应用到"散/跑步"等行为。目前的消费数据大多来自线上消费，大部分线下消费行为的数据统计并不完整，建议考虑这一问题。需考虑初次使用用户的骑行路线规划问题。不同难度骑行路线的差异，未作说明。

高闻嘉

评委

整体提案是目前为止最完整和最成熟的。后期建议深度挖掘下如何让用户持续骑行的动力因素，根据不同的场景和诉求规划合理的骑行线路。

第二阶段

曾帆扬

评委

用户目标再确定一下，健身还是生活。交互上的引导应更清晰。游戏所需的反馈再加强（特别是骑行过程，而且不限于视觉）。另外，留意一下，视觉上的游戏化不一定是低龄化，目标是要持续有反馈。恭喜你们，加油。

学生感言

从组队、起队名、到进入上海赛区半决赛我们团队历经了半年的磨练，其中有苦有甜，难以忘记在一起的点点滴滴，每轮入围后的庆祝，及最后一次聚餐的终结，然而收获的友情还在续写。我们曾经为一个目标奋斗的日日夜夜，一起有过的争论与喜悦，绝望与希望，都深深留在了每个队员的内心。队员们发挥着聪明才智，展现着各自的优势，才组成了一个能够经受考验的团队。

在专业老师和评委老师的指导和建议下，我们都会重新对产品进行考量，无数次的推翻重建才使我们走到了这一步，除了咨询老师，我们还将自己的设计理念展示给目标用户，接受用户的意见及建议。在参赛过程中，我们的思维一次又一次地有了高度的提升。

最感谢的还是相互陪伴一起走过来的队员，共同承担前进道路中的挫折与难题，还有指导过我们的老师，给过我们建议的评委老师，用户体验大赛这个平台，给予我们学生一个施展的平台。我们将不断完善产品中的不足，提炼产品中的亮点。

我们相信，坚持所想，定有所成！

搭伴
最有趣的穿搭社区

核心功能

"在这里，总有搭伴会懂你" | 发现板块

"发现"是新用户建立搭伴关系与老用户获取有效穿搭导向信息的主要渠道之一。对于已发布的状态，我们增加了"撞衫"、"求链接"两种互动方式。前者是观众与发布者的趣味交流；后者则满足希望马上购入图示单品或搭配的用户的痛点，使其可以通过向发布者少量打赏的方式，获取发布者的链接，直接购入服饰。这种"点对点"的资源分享方式旨在克服传统导购广告盛行的弊端，提高信息发布的积极性与沟通效率，并营造社区活跃的交流氛围。

"情投衣合，心心相衣" | 衣柜板块

"衣柜"是针对穿搭爱好者的工具性功能。搭伴衣柜的特色有两点：
1. 应用智能识别技术：给服饰拍照时自动识别轮廓、色彩、款式、类别等基本信息，简化繁琐的录入流程；
2. 穿搭社区的重要组成部分：可以访问开放访问权限的搭伴的衣柜，并点击按钮进行"送花"、"种蘑菇"等有趣的互动；"发现"、"活动"板块所需图片可随时从衣柜中导出分享，减少社区内容产生成本。

"我搭你，不许还手" | 活动板块

"活动"作为可参与度最高的娱乐性板块，是一个搭伴们平等地互相帮助的开放空间。用户可以发起自己的活动，也可以参与到帮别人搭配或者商业品牌发起的活动中去。用户的大量活动数据将被保留与分析，一方面直观地激励用户继续参与，一方面帮助合作商家获取不同用户群体的流行趋势数据，与合作商家形成互利关系。

穿哪个： 解决用户"哪件衣服更适合自己/适合某特定场合"的问题

猜价格： 用户参与商家发起的新品估价游戏

帮我搭： 用户可以对穿搭困惑发出提问，由大众来提供解决方案或发表评论

更多活动： 商家与平台发起更多合作活动

设计概念

大学生心理特征

自主性与依赖性共存
理想性与现实性的矛盾
交往性与闭锁性的矛盾
情绪性与理智性的矛盾

+

以"衣"为中心的现实要素

服饰整理
服饰搭配
服饰交流
服饰消费

▼

需求导出

需要能够促进高效整理服饰的方式
需要服饰搭配的时尚推荐与符合个性发展的引导
需要合适的服饰交流活动方式
需要合理的服饰消费引导与合适的服饰消费平台

▶

设计引导

①建立个人线上衣柜，鼓励其及时更新并发布状态

②**数据推荐**与**用户推荐**相结合

③建立以服饰为中心的**活动平台**，激发用户参与度

④建立有效的商业模式，**对接合适的商家与用户**

▶

核心功能系统

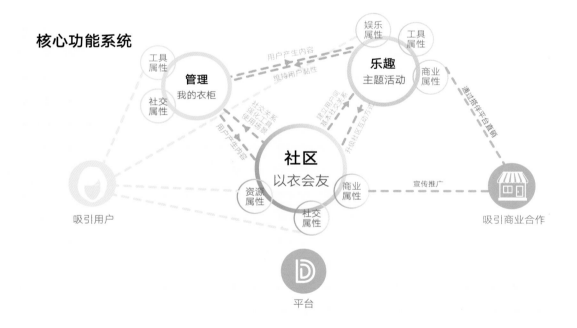

团队介绍

江南大学　拔丝光年团队
指导老师：鲍懿喜

王一婷　　郭亚文　　陈曦　　成都

项目介绍

为年轻人创建的富于趣味的穿搭社区

为你创建高效、有趣、不孤单的穿搭旅程：
以衣会友，遇见同好搭伴；
博采众长，升级搭配能力；
守望相助，摆脱选择困扰

评委点评

第一阶段

陈书仪
评委

大学生穿搭虽然主题常见，但仍值得再研究。主题中提到的文化和品牌，在后续的发展中似乎没有强调。①在实际穿搭与意见交流上，可以对用户再作更深入的了解。实际上的流程可以回馈至App 的信息架构与流程。②部分设计与需求间的联系较弱，概念的验证可以加强。

第二阶段

陆林轩
评委

前期的需求分析比较到位，挖掘出的用户痛点以及针对人群比较准确，归纳梳理出的App信息构架及包装概念具有一定的创新和惊喜；但商业规划和布局如何在不影响用户使用体验的情况下开展需要更细致的考虑。建议：①思考在App的初期如何作推荐；②"活动"的交互设计有亮点，"衣柜"的交互设计因可用性测试结果不佳转而降级处理稍显遗憾，希望能再挖掘一下更好的方式来提升使用感受；③部分界面存在一定的逻辑错误和不合理的设计布置（比如登录页面、活动详情页面、发布页面），建议设计时通盘考虑整个流程，而不是单张界面孤立考虑，建议在后续进行优化。

学生感言

设计所带给人们的，不只是简单的形变，更多的是质变。

对于我们拔丝光年团队来说，UXPA是一个最棒的展示自己与磨练自己的舞台。从最初粗糙的想法到作品的完成，其间团队经历了长久的磨合与努力。将近六个月的时间内，作品从定位到表现都有了很大的进步：信息架构的耐心调整，交互逻辑的不断修正，界面风格的逐渐演进……虽然我们止步于全国五十强，作品仍有许多不足，但在对于每一个设计点的琢磨、推敲中，我们对如何做产品的认识不断深刻。

同时，对用户的接触与研究，与优秀的对手同台竞技，接受评委老师的宝贵意见，这些经历对我们来说都是前所未有的锻炼。

这里不是结束，而是我们拔丝光年团队全新的开始。

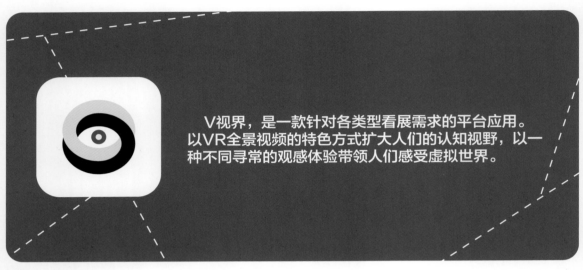

V视界，是一款针对各类型看展需求的平台应用。以VR全景视频的特色方式扩大人们的认知视野，以一种不同寻常的观感体验带领人们感受虚拟世界。

正儿八经

指导教师：王峰、张泰

曹义竟
产品经理

石芸祯
视觉设计

赵泽婉
交互设计

杨心依
交互设计

乔红月
用户研究

石云柯
交互设计

设计目的

扩大资源共享

希望扩大展览馆、博物馆的受众面，使展馆公共教育惠及二、三线城市，达到资源共享。

增强观展体验

调查城市年轻群体提升自我、假日消遣、家庭教育过程中的需求及感受，寻找设计切入点；

拉近展馆与人之间的距离，增加观展人和展品之间的互动体验。

线上&线下结合

探索异地看展的商业可能性，以线下展馆活动与线上看展的结合方式，扩大展览馆与办展方、承展方的收入来源。

资源共享 —————— 互动交流 —————— 线上观展

功能模块

线上　　V视界　　线下

社区
　　社区文章、话题等社交活动，满足社交需求的同时提供展览质量的判断依据。

V向导
　　个人专属展览向导，展馆路线、展品信息一览无余。

电子展览
　　观看电子展览，并在观看中参与互动。

评价系统
　　可针对单个展品的吐槽弹幕评论，看看"过来人"有啥看法。

推荐
　　基于大数据分析的兴趣、热度、评分、性价比进行相关推荐，专属定制更懂你。

游戏化
　　可以通过360°模型的方式，旋转多角度观察展品。

高保真视觉图

首页展示

展览信息

社区&动态展示

电子展览展示——寻宝&分享点评

在展馆内寻宝——点击宝物

参观结束——评论电子展览

线下展览展示——V向导

电子展览展示——360°看展

点击电子展览——进出展馆
滑动屏幕观看展馆全景

放大手势——放大展品

评委点评

第一阶段

刘洋

评委

用户访谈太局限，对需求分析就会出现片面性。用户调研和最后的结论有出入。用户研究这块要好好整理下。广告费让利给用户这块不清晰。大数据的点可以用，但是要想得再深一点。

第二阶段

吕静

评委

整个研究思路比较清晰，目的较为明确，但在现状分析和后续信息架构设计方面仍需完善。主要存在问题/建议如下：①前期的问题发现和需求挖掘不是特别充分；②定量问卷的设计需要进行逻辑上的修正，明确调研人群，比如根据此次的调研目的，是否要进行甄别问卷的设置（剔除掉对看展不感兴趣或没有看展需求的人）；③很多展会并不是专业人士去参加，而是很多被动的或者随便逛一下的用户去参加，因此该软件的设计是否可以考虑针对"专业人士"和"非专业小白"人士各设计一个界面入口，并呈现不同的展示内容。既满足专业人士的需求，另一方面也可以吸引非专业人士的参与。

学生感言

我们有幸代表学校，参加2016年UXPA大赛，对此我们倍感荣幸。经历了比赛的大风大浪之后，平静下来总结了整个过程的经验、教训，在此谨谈谈我们参加这次比赛的感受和体会。

在此，首先感谢学校领导一直以来对我们成长、成才的关爱和期望，使我们能够在一个人文环境中得到更好、更快的成长；其次感谢老师和同学们在日常生活和学习中给予我们的殷切关怀和无私帮助，使我们的专业水平有了显著提高。在比赛过程中，领导和同学们不断给我们信心，帮助我们释放压力，才使我们能够超常发挥，取得了好成绩。

江浙户团队

Coopa——基于AR技术的节日聚会场景装扮助手

Coopa基于AR技术并结合大数据，给用户推荐最适合的节日party场景装饰，提供一种简单、有趣的装扮方式，让你在屏幕中就能查看各种装扮效果，自定义你喜欢的家装风格，快速召集你的"趴"友，快速购买装扮所需的各种饰品，让装扮不再枯燥、烦心。Coopa致力于创造一种新的简单有趣的、互动性强的节日聚会场景装扮体验，你的party可以更酷!

王稳
项目经理

马婕
用户研究

陈超
交互设计

谷悦
视觉设计

林娣
前端开发

杨莉莉
前端开发

高保真页面流
Coopa

高保真 HIGH FIDELITY PAGE 页面

F O R｜江浙户

商业模式

合作伙伴	关键业务	价值主张	客户关系	客户细分
• 淘宝商家 • 微信平台	• AR实时搭配 • 一键购买派对、节日所需物品 • 一键邀请（多度人脉） • 可线上AA制收集组"趴"费用	• 组"趴"过程简洁化，组建过程趣味化 • 提供一种基于AR技术的提前搭配模式，并集购买装点物品和组"趴"为一体的party助手	• Coopa为开派对、需要搭配的人提供AR模式下的搭配主题、单品 • Coopa集购买装点物品和邀请为一体 • 用户一键链接淘宝购物车	• 派对举办者 • 派对参与者 • 淘宝商家
	核心资源		**渠道通路**	
	• 可用于AR模式下的搭配主题、单品		• 媒体/网络 • 用户 • 商家	

成本结构	收入来源
• AR主题、单品文件模型 • 平台推广 • 微信、淘宝	• 链接到商家，商家入驻合作费 • 用户喜好数据售卖 • Party费用利息

核心功能

Coopa

通过Coopa，用户可以通过AR操作选择自己喜欢的聚会场景装点搭配，提前预览房屋装点效果，自定义房屋搭配

集"趴"

在集"趴"板块用户可以选择在"趴"广场发布聚会，好友或者附近的"趴"友可以申请加入；也可在通讯录中邀请指定好友参加聚会

奇"趴"圈

在奇"趴"圈，用户可以发现有趣的聚会文章，其他用户分享的搭配，并可以收藏或马上跳转到coopa板块看搭配效果

我

"我"板块主要包含购物车、我的消息、我的发布收藏、优惠券设置等功能，用户可快速找到与自身相关的功能与信息

 故事版

1

都市生活单调乏味，自己的朋友圈比较窄，想要开派对来交友但是又不知道该怎么弄……

2

直到有一天发现了
coopa —— 节日
派对装点助手

3

使用 coopa 对自己的家进行虚拟装饰，凭借AR技术可以实时查看搭配效果

将自己的搭配效果上传到社区，同时邀请好友来参加自己的派对

4

最后，大家一起办了一个派对，度过了一个愉快的周末

5

评委点评

第一阶段

吴海波
评委

需求分析中提到AR和AR技术的部分在概念设计里只体现了AR，方案看下来是围绕着明确的解决用户痛点来展开的，调研和竞品分析也都到位，只是觉得这个方案其实已经有很多商业应用了，在创新的层面上目前还没看到亮点，希望同学们接下来能够有所突破。

第二阶段

曾帆扬
评委

建议思考用户活跃度的问题，若结论是此产品真不是一个用户活跃型产品，怎么另辟天地？建议完善交互逻辑问题。建议完善技术可行性问题。视觉呈现与产品定位再契合一些。恭喜，加油！

李苏晨
评委

第二轮比赛中最突出的团队产品；兼具前沿创新和商业模式的特点，切入点的选择很聪明，但在视觉表达上需要再斟酌。

学生感言

作为一名普通的学生，从备战到比赛，一路走到最后，我们想将自己比赛的两个心得与大家一同分享：

第一个心得：目标不止，学习上做一名合格的学生，不应仅仅满足于把自己眼前的学业做好就行了，还要有想法、有追求、有好学上进的精神。仅满足于为学习而学习，我们是不可能成为一名优秀的设计师的。所以，我们要让学习成为一种习惯，将做高级设计作为自己的目标，让自己经手的每项任务、每个项目都成为精品。

第二个心得：让学习成为快乐，让追求成为乐趣。每个人都有自己的梦想，都有自己的目标，但所有的梦想和目标都要靠快乐的学习来实现。没有平和的心态，学习快乐不起来；没有过硬的专业水平，学习快乐不起来；有了平和的心态和过硬专业水平，我们就能积极地参与竞争、愉快地迎接一切挑战。

十强

台北赛区

长沙赛区

成都赛区

广州赛区

上海赛区

北京赛区 ›

是一款优质购物
体验的第三方导购平台软件

更多的优惠福利时时掌控，为用户
推荐精选的商品，满足用户一站式购物的体验，是一款购物必备神器。

一站式购物拿返利

搜索你想要的，一键加入购物车，
收藏、返利实惠看得到。

商城优惠时时掌握

随时了解各大商城的优惠情况，让你掌握最新的商城
优惠资讯、个性化商品推荐，
不用担心错过品牌特卖。

随时随地互动分享

最新的购物资讯、分享晒单等趣味互动时时为
你展示，你怎能错过。

会员福利

实用的会员福利

不同等级会员获得不同的特权和
优惠券、抽奖礼品、不定时现金红
包，返利网为你提供更多优惠。

返钱利器

用返利，够聪明

界面展示

- 导航栏加号键
- 购物车
- 必买清单
- 饭粒头条
- 搭配关键词
- 今日好店
- 最超值
- 签到
- 会员俱乐部
- 积分商城

- 便捷操作，轻松购物拿返利
  根据用户习惯设计导航栏，自定义键可快速进入二级功能。收藏及购物车方便购物浏览，体验不一样的购物乐趣。

- 大数据推荐，合你心意最重要
  大数据分析量身推荐，省时省力轻松购，优惠返利拿到手软。

- 服务优惠多多享
  用户经验成长，拥有更多专属特权，累积积分可在商城兑换商品。

6Plus团队

赵鹏程	周竞楠	陈红红	刘晴雯	郭天凤	陈延康
项目经理	视觉设计	视觉设计	用户调研	交互设计	交互设计

评委点评

第一阶段

钟承东

评委

优点：①整体研究过程还是比较完整的，需求分析也较为到位。②研究发现和设计优化点是有对应关系的（但设计本身还不够新颖）。不足及建议：①二手文献数据引用，请标注清楚来源，包含但不仅限于：机构名称，最好还要有时间、报告名，甚至具体的引用位置。②调研的基本信息要表达一下。如问卷调研，样本量是多少，该数据是来自哪一个问题。③建议每一个研究过程后要有一个启发点小结。④视觉设计还不够有亮点。

第二阶段

乔立

评委

思路清晰，设计流程中需求调研环节做得比较深入。建议：①设计方案的呈现需要更认真一些，如线框图中UI元素的使用，高保真原型中的行距、间距等，修正一些不应该有的小错误。②视觉风格的设计思路比较简单，是否可以考虑要传达产品的品牌意义给用户？Logo的辨识度和美观程度都还有很大的提升空间。

学生感言

大家好，我是6Plus团队队长：

从2016年的4月份参赛到现在已经半年多，从初赛到复赛再到半决赛都是我们大学生活中非常精彩的经历，现在依然能想起我们6Plus团队刚成立的时候为了一个好的创意和用户体验整日地去忙碌着，我们一起享受着努力的过程，开心时我们一起庆祝，看到晋级时大家的脸上充满着喜悦，向往着之后的比赛，有时我们也会难过、会有争吵，但为了优化出更好的产品，我们依然努力着。

我们希望优化后的返利App能更符合用户的真实需求，提高使用者的用户体验，从用户的角度去考虑问题。在初赛的时候我们作出很多努力完成了整个框架和内容，但是在准备复赛的时候我们清楚地知道必须有自己产品的特点，所以我们决定推翻之前的一些界面设计和功能，因为我们知道要做就要做得最好，尽自己最大的努力去完成。

UXPA大赛不仅让我们有机会做出自己想要做的产品，更让我们有机会有自己的团队——帮正在努力的年轻人用自己的努力去实现着梦想。用我们的汗水播种希望，用青春诠释无悔。

裁缝

"裁缝"是一款为在校大学生设计的生活服务类App。主要目的是帮助大学生们解决服装裁剪、修改设计的服装问题。

通过在线发布服装修改需求，进行附近在线寻找满足您需求的商家。同时，学校服装设计专业学生和周围社区"妈妈裁缝"为主要接单群体，搭配周围裁缝铺、独立服装工作室均可在线接单洽淡。旨在给大学生群体一种温馨、满足的消费体验。

1.目标用户

浏览用户（下单）：18~25岁的在校大学生

B端用户（接单）：附近"妈妈裁缝"、在校服装专业学生等

在线发布服装剪裁、修改需求，学校服装设计专业的学生和周围社区的妈妈裁剪进行在线接单。同时，结合周围服装裁缝店、原创工作室辅助提供剪裁修改方案，可供大学生进行筛选。

2.商业模式

用户黏度

针对服装经常性不得体、喜欢时尚、个性服饰的人，提供一次优惠体验，既得好的反馈，更加愿意自己参与设计，同时有人指导，更加看中这款App的实用性和创新性。圈内的良性传播，吸引更多的人使用。达到大部分服饰都是通过这款App自主裁剪、修改。同时提供金币交易等服务。

Tailors

An online and offline clothing tailoring App.

作品名称
裁缝

团队名称
Aero-Oxygen

院校介绍
沈阳航空航天大学
设计艺术学院

指导教师
任宏

团队成员

陈智博
项目经理

王阳舒
视觉设计

潘婷
交互设计

韩锦玉
用户调研

陶健
用户调研

徐瀚昌
前端设计

评委点评

第一阶段

邓俊杰

评委

①整个方案在竞品分析和用户研究上做得比较细致和详细，在交互设计和视觉设计上稍显简单，并不能完整地展示产品设计，一些关键的操作路径看得不是很清晰；②整个方案有比较好的商业价值，在某些方面的技术可行性上可能还需要再考虑，比如通过手机获得人体模型数据，这个可能比较困难，但是这又是整个方案一个比较关键的技术点；③在产品设计思路上可以突破同一店铺进行搭配的方式，因为现实生活中的人不会从头到脚都穿同一个牌子或是同一家店里买的衣物，跨店搭配可以给用户更多选择。

第二阶段

吴迪

评委

①整体的用户体验流程比较细致和详细。答辩思路比较清晰。②希望对于整体产品的思路更加清晰一些，是对于大学生阶层的定制裁剪还是定制服装，还是针对一些品牌的裁剪，或是对于一个独立设计师的品牌，需要有主要的用户群。同时，思考是否需要不同用户的不同客户端？③可以思考如何利用每个人的测量数据，如何发挥大数据的作用。④视觉上边希望针对用户群有所优化。

学生感言

比赛的时间过得很快，感觉很充实，从5个月前的组队参赛到如今跻身中国用户体验设计大赛全国五十强，北京赛区10强，我们得到的不只是喜悦和激动，更多的是收获和踏实。而我们Aero－Oxygen团队的脚步并未停歇……刚开始在选题的时候我们进行了选题的头脑风暴，初步确定了几个命题，包括个性服装定制、服装裁剪DIY、医疗安全提问和户外停车场预约平台，经过严密的调查和分析，发现目前服装市场有很大的价值空间，而大学生日新月异的服装需求变化也是我们捕捉到的非常重要的一点。我们就把方向确定到了服装剪裁方面。在第一阶段过后，上海唐硕设计的郭浩老师给了我们很大的帮助，提出了我们方案中存在的问题和在实施上面的复杂性，听过了老师的意见，我们小组又开会修改方案，再调查，再修改，周而复始，弄出了自己较满意的方案。在第二轮答辩的时候，北京唐硕的吴迪老师和阿里巴巴的刘臻老师对我们的方案进行了评审，给我们提供了许多的帮助，无论是从思维创意还是整体流程都点醒了我们，我们回到了最初的想法，开始重新确定。我们学院的任宏老师也给了我们很大的帮助。在此，感谢各位老师对我们团队的帮助，我们收获了更多专业的知识，也重新审视了自己的设计思维。也更加感谢UXPA中国提供这个平台给我们，让大家一起加油，努力，共勉！

上街

给你最优的　/　给你想要的　/　去你想去的

一款逛街的必备神器
汇集您身边的商场及其品牌门店
商场内导航、择优购物、告知优惠信息

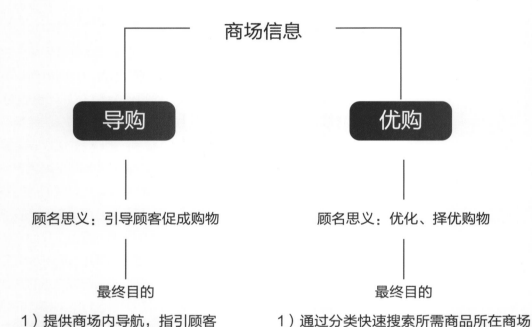

商场信息

导购

优购

顾名思义：引导顾客促成购物

顾名思义：优化、择优购物

最终目的

最终目的

1）提供商场内导航，指引顾客
2）提供所在商场的商品优惠信息

1）通过分类快速搜索所需商品所在商场
2）提供所需商品在某个商场的优惠信息

"上街"与商场合作

- 商场提供商场内导向图及活动信息

- 商场及品牌实体店免费入驻App及活动信息推送，推荐榜付费

- 品牌实体店与上街App积分优惠合作

用户个性化服务

- 不同商家距离信息、活动信息对比，择优购物

- 奖励式使用体验：用户购物后评价实体店获得积分,积累积分可换品牌实体店优惠券

- 根据用户购买记录，个性化推荐

上街App　　　　　商场

上街App　　　　　用户

"上街"是一款实体商场导航类应用。
设置有商场个性推荐、商场内部楼层导航
以及地图上直观显示同类商品不同商场的
价格信息和质量信息等功能。

产品秉持"以人为本"的服务理念，
本着用户体验角度和心理分析
将用户最急迫需要的功能（推荐、导航、货比三家）
作为这款应用的核心功能分区，
让用户体验到高效购物方式。

未来的实体店不会消失，
它会转变为"共享经济"和"体验经济"的实际载体，
这款应用正契合了这种趋势所带来的用户需求。
"上街"会在未来的电子商务中占得先机。

■ 团队名称
Amazing Maker

■ 作品名称
上街

■ 所在院校
沈阳航空航天大学

■ 指导老师
刘洋

徐岩
产品经理

王文焕
视觉设计

曾憧杰
视觉设计

潘顺利
交互设计

谢修磊
用户研究

李思远
交互设计

评委点评

第一阶段

杨延龙
评委

具备实际的用户使用场景，商城内的导航是个痛点，很多人都有商场内找不到想要去的地方的烦恼，能把这一点解决好产品就成功了一半。希望能在如何提高导航成功率方面看到更多的分析及测试数据，在导航的流程和体验上也需要花更多的心思设计好细节。报告略嫌简陋，希望后续能做得更加丰富。

邵维翰
评委

实体店购物场景的痛点有了，解决方案过于平淡，想法太传统了，想想真实生活中购物的影响和决策有哪些因素。

第二阶段

李嘉
评委

①建议更多地思考、研究商场内导航的必要性和可实现性。
②Persona的定义需要更好地突出每个角色的特点。

刘黄玲子
评委

根据用户研究的结果，围绕室内导航、货比三家以及商场折扣活动信息进一步完善、细化设计方案，尤其是交互设计方案，进一步提高产品的吸引力和创新力，而不是功能的简单叠加和示意。

学生感言

大赛已经圆满地闭幕了，我们很有幸地参与到了其中，对于我们团队来说都十分重视大赛给我们的每一次机会。在比赛过程中，我们意识到做一个App最关键的并不是制作为主，而是思想内核为主，点子和需求契合度才是最关键的卖点。有了点子我们才能在它的指导下步步推进并不断完善，虽然挖掘客户本质需求是一个痛苦的过程（实际上太多需求只是我们认为的需求），但是当我们认为的需求符合大众的需求时候我们还是非常开心的。这段比赛时光有过挫折、羁绊、埋怨和辛酸，但是我们还是走到了今天，全国五十强的位置上。

最后我们想说的是，无论比赛结果如何我们都会满怀期望，即便是没能实现最好的结果我们也不后悔，毕竟我们熬过的日日夜夜还是有收获的，我们了解了一个产品真正的制作过程，我们收获了经验。并在最后衷心祝愿我们每一个团队都能有出色的发挥。努力过，不后悔！

一款舒缓情绪，搭建大学生
与心理咨询室桥梁的App

1 产品定位

针对当代大学生群体用户的一款使用沙盘治疗，并可以进行线上预约咨询、群体互动的
解压式的心理软件。

主要功能

使用人群

产品特色

引导大学生舒缓情绪，
即时线上咨询、预约
咨询

在校大学生、校内心理老师

通过沙盘治疗方式来帮助大学生
学会认识自己的情绪问题

2 产品概念

沙盘治疗

预约机制

社交性

通过沙盘治疗来
形成一个长期、
系统的状态，引
导积极情绪的发展

通过调研得出用
户和学校普遍存
在的问题，通过
构建更加完善的
渠道来整合高校
的心理咨询和预
约机制

陌生人社交和熟
人社交的元素注
入，增强用户黏
性

3 社会模式

产品

借助平台治疗和完善，帮助大学
群体的心理健康状态

提供平台以及服务

得到帮助和治疗

提供平台需要的资源和信息

用户

响应活动和改善问题

提供资源，解决问题

高校

4 功能模块及原理

沙盘治疗

通过 3D 场景，建立一个属
于自己的世界，唤起童心，
找到了回归心灵的途径，
进而在沙盘中化解身心失
调、社会适应不良、人格
发展障碍等问题

预约机制

构建与各高校心理咨询
室的桥梁，实现心理咨
询老师和在校大学生间
的互联网＋

社区

社交元素使用户可以在
网络上与朋友、同学分
享自己的沙盘，交流
经验

我的

记录自身心情，
收藏对自己的沙盘
记录和好友沙盘

5 ╱╱ 主要界面

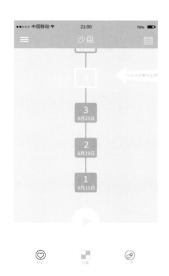

个人记录

在首界面中点击进入个人信息界面，可登录增加或查看个人信息并且可设置应用习惯。

轻心界面

画面中有四个二级界面，依据心理健康状态等，我们将用户分为四个级别。

沙盘界面

沙盘界面可观看演示视频，根据治疗的时间来进行沙盘记录。

● 团队成员

杨心欣
项目负责

窦俊楠
动效设计

贾紫琦
视觉设计

马耐
交互设计

王志明
前端开发

马嘉莉
用户研究

● 指导老师

王斐
北京印刷学院
多媒体专业导师

刘霞
北京印刷学院
资深心理导师

隋涌
北京印刷学院
新媒体学院
网络专业主任

王瑜
北京印刷学院
新媒体学院
网络专业教授

评委点评

欧阳俊遐
评委

一个很有意义的社会公益项目，是我们非常鼓励思考的方向。但是大学生为什么不走近心理咨询室？我们需要去研究现象背后的原因。不要拍脑袋，要去观察、去洞察，下是线下咨询室搬到线上就能解决的。我们没有看到产品的核心竞争力在哪里。如果有这样的核心竞争力，一定是基于深度挖掘大学生群体中有典型需求的群体，他们是通过什么方式来解决现在的问题，这些解决方式存在什么痛点，你们如果能比现存方式更方便、更有效才可能形成你们的竞争力。最后，提案中一定要界定清楚是解决有病还是有情绪的问题，这会把产品引向两个完全不同的方向。希望同学们后续能有更好的表现！

曹蔚
评委

你们的产品做得很认真，但是有些方法运用得不是很到位，所以造成你们很多研究其实流于表象，没有将"需求"漏下来。就比如，如果你前面证明需求是"同学无法走近心理咨询室"，那么你后面要研究的就应该是为什么不去，怎样才能去，谁能在这个过程中起到作用……而不是研究什么心理学方法，那是另外一个方向需要做的事情了。我建议你们仔细梳理，仔细梳理需求，一步步推导，要聚焦。好的产品不是比谁功能多，而是你针对的方向上真的有用、有意义。还有就是"商业模式"不一定就是收钱，也可能是引流、推广等。你们还是要多了解。

学生感言

我们主要是和大家分享一下我们比赛后的一些心得体会。经过比赛，我们对用户体验设计有了更深的了解，从自己漫无目的地探索和琢磨，变为系统地学习和研究，而我们也在一点点的努力中前进。

生活、学习要有进取心，只有不断学习才能立足，才会临危不乱，才能更好地为之后的工作做好知识和经验上的储备。我们必须付出很多，只有不停地学习，善于去吸取别人的优点，去其之短，为我所用，才能有所成效。

这次比赛，每个参赛团队都是我们学习的榜样，学习他们的逻辑思维、设计能力等，同时为了我们更好地做设计，也要求我们要不断地学习、提高，做到与时俱进。

Right-mate

一款帮助高校毕业生完成合租的租房应用

为你寻找像老友一样合拍的室友
让你的生活像BigBang一样精彩
不止于租，更关乎你

产品概述

用户

智能算法

云端数据

合租

产品定位

基于用户数据，提供智能匹配合适室友服务的租房应用。

目标用户

用户人群定位到高校在校生，或即将毕业的应届毕业生以及刚毕业不久的年轻白领。

智能算法

移动互联时代，用户无时无刻不在产生数据与信息，我们团队希望可以用数据服务用户，通过调研总结了影响合租匹配度的数据维度，并进行了相应的算法设计，通过算法得出用户之间的综合匹配度，智能为其推荐匹配度高的室友。希望通过数据提高用户在后续合租生活中的体验满意度。

注册/登录　性格标签　选择入住人数　确定租友　线下看房

引导页　选择合租/整租　填写基本信息　匹配室友（Right-mate）　查看房源　签约

需求分析

毕业合租是大部分高校毕业生的选择，但目前合租产品的共性是侧重点全在合租的"租"上，即更多地解决了合租中人与住房之间的需求，而针对合租中人与人之间的合租体验没有很好的解决方法。所以，我们团队希望设计一款产品能帮助用户不仅解决即时的住房需求，也能在租房之前提升其日后长期合租的体验满意度，避免不好的合租体验。

界面展示

每一个早起奋斗的人，
都期待一个晚归安睡的家，
Right-mate是一款基于用户数据设计
的智能社交租房应用，
旨在为每一位为梦想奋斗的租房青年
推荐志同道合的室友，提供优质房源，
帮助每一位租房的年轻人在自己幸福的
小房间里承载大梦想。

Right-mate

不止于租，更关乎你

团队介绍

Fangfang

北京理工大学

指导教师

孙远波

谢文婷

团队成员

姬鸣扬

张雪瑶

王瑞杰

李儒权

评委点评

曾俊豪
评委

本次大会的主题要求参赛团队充分研究、分析及利用用户数据，通过设计引导数据的有效性、可控性，安全性，为用户创造更美好的生活体验。目前，还未看到具体怎么在整体设计中融入产品生命周期、关注点与迭代优化改进的思考，系统匹配依据为何？一些具体群租会遇到的问题，如何纳入其中，如何优化系统匹配的算法？不同场景的使用方式为何？一个人使用、与朋友或同学一起使用，以及组队一起等推荐房源、共同查看房源等实际操作问题如何解决？

刘臻
评委

补充一个竞品上的问题，不应该选择链家自己的App，而是应该选择它旗下的自如友家，上面会直接把已入住的室友的基本信息公布出来。关于和更适合的人找房子这个事情，算是说清楚了，但是对于房主这部分没有涉及，比如：发布房源，真实照片，租客要求等。最后一个建议是，因为找房子和地理位置相关，所以将房源以及目标区域直接标注在地图上面会看起来更加直观、高效，谢谢！

学生感言

这次用户体验大赛是我们参加的第一次如此规模的设计比赛，很幸运我们遇到了彼此，从初赛到复赛到决赛，一路走来，我们互相支持，共同将我们的产品Right-mate从无到有设计出来。这次比赛让我们站在更高的视角全面地考量、审视、打磨自己的产品，这是以往一些课题中我们从未涉及过的。所以，相比于比赛结果，遇到这么棒的队友们，以及整个比赛过程，对我们设计思维、产品思维的提升才是最弥足珍贵的。非常感谢比赛中指导过我们的评委老师，老师们也给了我们很多建设性的建议，也帮助我们不断发现问题，优化我们的产品。最后，也特别感谢本次用户体验大赛，为我们学生团队提供了这样一个锻炼自己、展示自己的平台。我们会继续努力，不断地提升自己。

比赛结束了，但我们的Right-mate并没有。一切才刚刚开始……

返利新产品

设计概念

返利网和电商之间属于合作关系，返利网为电商作有偿推广，返利网的盈利模式是商家为了推广会将一部分推广费用拿出来返给商品推广者，推广者将部分费用返给购买者，这样商家推广了商品，推广者得到了推广佣金，而用户还能得到相应的实惠。

参与度

以利润激发参与
用户分享获得二次返利
针对返利用户特点
以利润激发参与度
解决购物社交化难题

品质感

纸媒品质 + 网络便捷
高品质的编辑购物志
个性化的个人订阅系统
限时购物志、超级低价等
返利网特色
杂志、货品随时添加比较
品质感与便捷度大幅提升

个性化

每个用户各有精彩
品类专家荣誉称号
活力值、品位值多元
展示个人特色
心愿物品激发个人参与
以数值、物品提升个性化

精准化

大数据去黑箱化
产品元素解析、炸开
更了解用户喜欢的到底
是什么
大数据贴近用户
优秀的精准化体验

界面展示

成员介绍

一池锦鲤

团队名称

 梅一帆　市场分析　郑州大学

 高爽　用户调研　郑州大学

 张露文　视觉设计　郑州大学

 梁璐　视觉设计　河南工业大学

团队简介

 李卓松　队长　郑州大学

 洪扬　副队长　郑州大学

 林昌坤　交互设计　郑州大学

评委点评

第一阶段

刘怡君
评委

①竞品的选择没看懂，为什么选取"两类线上购物网站，即与返利网横向的导购推广类网站和纵向直接交易的购物网站"？又为什么横向／纵向比较的点不一样，是如何决定比较什么问题的？②总结功能构架的启发和下面提出的建议是如何推导出来的？例如，用返利兑换商品的形式是如何推导出来的结论？③为什么用户分类是分成认知用户、流失用户、留存用户这三种？

第二阶段

刘洋
评委

①客户细分得太笼统，没有描述清楚。②核心资源有问题，重新思考下。③竞品分析方法是有想法的，但是逻辑性要跟上，维度看不懂，用户界面？人群？功能？体验？切入的点要系统化。④产品单元每个界面太乱，逻辑都不同，是出于什么原因考虑的？⑤用户分类有点奇怪，这三个用户维度你们要消化。分析要做深入，不能表象地凑到一起。

学生感言

关于这次的比赛，我们有以下几点参赛心得，也是对师弟、师妹的建议：

第一，调整心态。我们应调整好自己的心态。即当我们确定了要参加比赛时，我们所扮演的角色就应有一个大的转变，自己不再单纯是个学生，同时也是一名参赛者，我们考虑问题时也要求自己转换角度。我们可能是冲着某种目的而去参赛的，但是我们认为要有责任心和使命感，并不能为了参赛而参赛，我们应超越自身，站在用户的角度，考虑项目今后的意义等。我想只有这样，才能真正做好这个项目。

第二，团结协作。团队在合作中会遇到各种问题，而解决问题离不开有效沟通和真诚交流。每个队员都有自己的知识结构、经验阅历和个性特征，如何集思广益，博采众家之长，就需要每个人都从大局考虑。每次面对有争议的问题，大家都可能会争得面红耳赤，然而正是在我们思想的交锋下，才可能产生智慧的火花。而后回过头来看以前的所有争议我们都会发出由衷的微笑。所以，我们认为有效的沟通非常有必要。

总之，作为参赛者，我们要调整好心态，多积累知识，搞好团队协作，我们离成功就又近了一大步。

油控

针对35~50岁注重养生且需要控制油量的用户
监控提醒、数据记录，培养健康饮食习惯
与线下产品"智能油壶"结合
精确定位人体油量输入

01 用户访谈

	用户使用产品的行为	用户使用产品的心理
问题	对食用油量模糊	健康养生的生活方式
分析	长期做饭中对油量使用的坏习惯以及做饭新手等对油量使用多少的未知	具体每天每人食用多少数量为健康吃法
设计	对油的数量有所统计 便操作、易清洗 价格合理	有效并方便地了解油量吃多少的问题

用户行为 观察用户行为和习惯，了解他们遇到的问题与潜在需求

用户心理 基于目的的互动交流，结合数据来进行产品建议性的讨论

02 用户研究

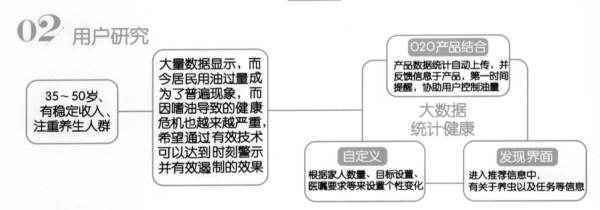

35~50岁、有稳定收入、注重养生人群

大量数据显示，而今居民用油过量成为了普遍现象，而因嗜油导致的健康危机也越来越严重，希望通过有效技术可以达到时刻警示并有效遏制的效果

O2O产品结合 产品数据统计自动上传，并反馈信息于产品，第一时间提醒，协助用户控制油量

大数据
统计健康

自定义 根据家人数量、目标设置、医嘱要求等来设置个性变化

发现界面 进入推荐信息中，有关于养虫以及任务等信息

03 商业模式

- **用户黏度**

  通过新发现功能，每个人都会有各自的任务，并且能够得到相应的奖券，以新功能来吸引并且留住用户。

- **商家合作**

  广告位与宣传以及用户的奖券，以此来作为与商家合作的主要收入。

04 作品展示

・登录界面
点击可以进入，未注册用户也可以先注册

・主界面
跳入主色调以及Oiler管家主界面，进入生活

・状态界面
显示今日用量以及您的任务完成信息等

・自定义界面
可根据您的家庭情况等来设置您的专属油量

・发现界面
进入推荐信息中，有关于养生以及任务等信息

○ 可锁式自动开口油壶，可防止意外倾倒

○ 流量测量器，可检测注入流量和倒出流量并反馈到屏幕和App

○ 把手上有微型屏幕和按钮，可以离开手机进行简单的设置

○ 食品级钢化玻璃储油罐，安全无毒，防碎且方便使用者观测油量，最多可储油500mL

可拆卸结构，方便注油和清洗

可锁式自动开口油壶，可防止意外倾倒

流量测量器，可检测注入流量和倒出流量并反馈到屏幕和app

防油把手+微型屏幕和按钮，可以离开手机使用

作品名称
油控

团队名称
哦呦

"油控"视频介绍
http://v.qq.com/x/page/p03llw5svhl.html

院校名称
北京印刷学院设计艺术学院

指导老师

付震蓬
北京印刷学院设计艺术学院教师

隋涌
北京印刷学院设计艺术学院教师

团队成员

产品经理
段寒月

交互设计
李郁文

前端开发
孙丽芬

用户研究
邢泽琪

视觉设计
陈定

评委点评

朱洁
评委

这是一款软硬件相结合的设计方案，交付物做得很漂亮，看得出同学们的用心。问题在于：①控制每日用油量其实并非那么简单，除了跟人数有关外，还跟每天要做的菜有关。且人数越多用油的额度就会越大。②油放在有度量的油壶里和倒进锅里其实是两种感觉，如何控制每次倒的量呢？③"分享"功能，个人认为没有必要，一家人和一个人，没有可比性。④登录后的首页感觉很乱，需要重新规划。上下都出现的"状态"如果是同一个内容建议合并，"+"按钮的操作如果不是高频操作的话其实没必要把它单独拉到首页常驻，只需在初次登入的时候引导性设置一下就行了。

欧阳俊遐
评委

选题方向有意义，也符合消费升级的大趋势需求，但是并没有很好地解决目标人群的问题。目标人群定义为35~60岁的人群，他们对新鲜事物的接受能力低，改变习惯的难度大。中国的用油问题不是一个定量油壶的问题，而是中国人烹、炸、炒的饮食习惯问题。希望团队从选题方向上重新梳理对饮食定量控制有明确需求的人群是谁，另外用户研究推导混乱，目标群体定义是35~50岁的人群，而调查问卷结论得到的核心人群是26~39岁，占到近7成，前后矛盾。

学生感言

我是哦呦团队的队长段寒月，我们的参赛作品Oiler是一款线上App与线下智能硬件结合，帮助用户节制日常食用油摄入量的智能产品。

真的十分幸运能够跟我亲爱的队友们参与这次比赛，这次比赛让我们在实践中理清了许多在大学课堂上难以理解的专业知识，我们对于本专业的兴趣和专业技能也得到了提升，我们的能力不再仅仅停留在理论层面，我们能够成功地把自己的一个想法变成创意作品，然后通过自己的双手把它变成实际存在的有价值的产品，这产品如同新生命一般宝贵，它的诞生让我们感觉很兴奋、也很幸福。

在此我诚挚地感谢我们的指导老师付震蓬老师和隋涌老师的悉心指导，感谢大赛给了我们这次锻炼机会，组委会幕后的工作人员，你们辛苦了！感谢我的队友们，跟我携手一路前行，攻克每一个关卡。

通过这次比赛，我发现我们比较重视视觉设计，而对用户研究真的还欠缺很多，在赛后，我会好好去挖掘用户研究的内涵。毕竟视觉设计师也很需要懂得用户研究，这样的设计师，才能设计出更友好、更体贴的作品。

感谢大赛给我们这样一个平台，感谢我们的指导老师和一路同行的队友！

一只绵羊
A Sheep

一款诊断、辅助治疗以及缓解抑郁症的应用

谐音"医治绵羊"
基于认知行为矫正法（CBM）
让用户正确认识和面对抑郁症并缓解抑郁情绪

•THE ANALYSIS OF NEEDS

•THE CONVERSION OF SPECIFIC NEEDS

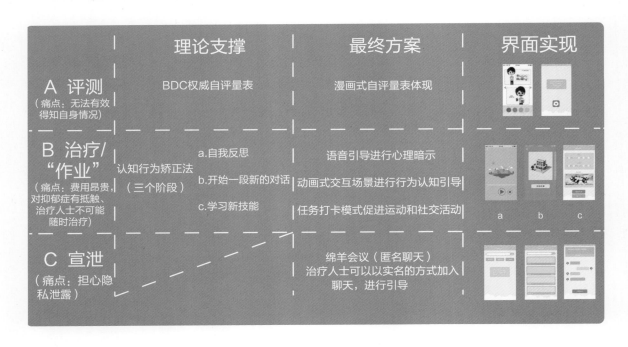

● FUNCTION MODULE

1. 使用图片进行评测,使用户接受信息更加具体。

2. 用音乐创造反思环境，更加具有沉浸感

3.用任务打卡的方式增强用户的成就感。

4.用场景动画，使用户对场景更加具有代入感。

● INTERFACE SHOW

5.用可视化图表直观表达。

●COMET 彗星

沈诚仪　孙嘉鑫　李凌霄　张家铭　刘文锋　何勤富　吕胜男

项目经理　交互设计　视觉设计　视觉设计　用户研究　前端工程　心理研究

评委点评

第一阶段

杨延龙
评委

感觉这个事情是可以做的，毕竟国外已经有了一些相关的PC端竞品，希望能看到这些竞品一些更详细的数据，比如使用人数、治疗效果。或者访谈的时候能让用户体验一下竞品，说下感受。这种远程治疗方式能够成功，这个产品就可以成功，产品的核心就是验证这种治疗方式是否对抑郁症用户有较好的效果，当然这也是最大的风险。

第二阶段

李嘉
评委

①建议更进一步研究治疗方案如何配合医生的专业指导来使患者获得最好的疗效。②设计流程上考虑优化：尽量避免使用用户无法自主控制的设计，譬如必须先测评才能使用后续功能。

刘黄玲子
评委

选题很有意义，但是App要实现抑郁症的治疗包括缓解，挑战很大：不仅需要提供专业且个性化的有效治疗方案，而且也需要通过更为细致、用心的设计和服务建立用户的信任度。应对这两点挑战还需要团队继续加油。

学生感言

UXPA学生大赛是一个很好的平台，它不仅是一个高质量的展示平台，而且是学生与优秀从业者之间沟通的桥梁。

虽然，UXPA本身对学生并没有太多直接的指导，但我们整个团队在项目实施的整个过程中都获益匪浅：从对整个项目只有粗浅的认识，到学会选择成熟的选题、团队间的分工合作、开始掌握其他以前所不会的技能以及个人思维的提升。

十分感谢这一路来，指导过我们的老师，给过我们建议的评委，尤其感谢UXPA大赛这个平台。我们将不断地完善产品中的不足，提炼产品中的亮点，让我们的产品能够更好地为这个社会服务。

时途
一款推荐民俗文化信息的体验式旅游软件

最全面的民俗旅游资讯
最具特色的民俗吃住行服务
让您感受一场独具文化韵味的旅行

 产品定义

时途是一款推荐民俗文化信息的体验式旅游软件，
以帮助用户选择民俗旅行目的地为核心。

 目标用户

深度文化游客：有空闲时间，喜欢旅游，热爱民
俗文化，乐于探索。

 产品亮点

丰富的民俗旅游信息；结合三维全景与虚拟现实
技术预览景点；基于大数据的景点信息预测。

 商业模式

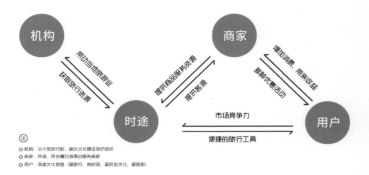

时途
深度文化旅行者的最佳选择

我们整理并推荐
最详细的民俗、
文化旅游资讯，
运用大数据准确预测
景点信息并实时监测，
提供多种搜索方式。

帮助您选择最适合您的旅行点还有
丰富且舒适的旅行服务，同时也有
丰厚的礼品与奖券供您领取，给您带来终身难忘的民俗文化游体验！

五　团队成员

杨宏伟
产品经理

吴泽正
交互设计

汤宏伟
视觉设计

邢楚遥
用户研究

评委点评

第一阶段

邓俊杰

评委

①根据节气推荐景点在创新性上还是有限的，毕竟有不少根据季节推荐美景的产品，所以只能算微创新，旅游是一个比较大的产业，可以再提炼更多的创新，否则跟同类产品的竞争力有限；如果仅针对国内的景点，可能也有一定的局限性，因为现在出国游的人也很多，他们反而更需要推荐。②报告完整度比较高，设计也比较完整，有比较好的展现力。

第二阶段

张博

评委

方案明确，阐述清晰，在市场方面很有前景。但众筹整体感偏弱，用于支持的意愿也不太高。建议你们从两个方面着手加强：如何运营，如何再完善业务链条。

学生感言

非常荣幸能够参与本次用户体验大赛，让我们有机会能够从书本的理论知识中跳脱出来进行实践锻炼，给我们带来了巨大的收获！

通过参与此次大赛，我们初步熟悉与掌握了互联网产品的开发与设计流程。在指导老师的辛勤付出、评委老师的耐心教导与团队成员的不懈努力下，我们克服了一个又一个逻辑难题，使得最终作品愈发完善。

在创作期间，我们通过交流、沟通锻炼自己表达能力的同时，也充分地锻炼了自己听取他人声音的耐心。进而使得我们的团队协作能力有了一步步的提升，不论是专业知识还是个人社交与沟通协作能力都有了显著进步，真可谓收获颇丰！

五十强团队照片集锦

后记

一年一本书，返工、审稿、校稿无数次，说实话，工作人员的内心是崩溃的！尤其是在面对参加预售的小伙伴们，我们有点惭愧……

好在终于出版了，其中的曲折可以说是山路十八弯。48个学生团队，48份作品整理，48篇参赛感悟，涉及团队成员200余人，不同的院校专业、不同的导师，至今还有3位同学联系不上（据说留学、远游的都有），导致不知具体院校名称；其中有一个团队因作品内容敏感导致下架（云雨阁团队抱歉，我们尽力了……）。

还要时刻关注近百位评委在一年里的职位调整。看上去这些数据也没有多庞大，但着手整理起来，我们只能一次又一次使他们越来越精准，这样才能更真实。

总归是第一次出版书籍，虽然工作人员里面没有处女座同事，但每个人似乎都自我要求成了处女座，改版N次，设计师居然毫无怨言（really?）出版社也是跟着反复校稿反复走流程……最让我印象深刻的一次，是今年过年的那段期间，因为有项目在身，要提早收假，刚好卡在二期改版的时候，讨论不得不安排在大年初一的上午，在卧室里关紧门窗打开手机扩音，夹杂着外面此起彼伏的鞭炮声和设计师视频改版流程，整个2小时下来，我和设计两人几乎都是相互吼的，母亲在门外担心好久也纳闷了好久，却也不敢多加打扰……当时还给自己写了一个敬业福以资鼓励，现在回想起来也是蛮有趣的。

这本书大家看来可能是就是一本规规矩矩的"作品精选"，我们也真诚希望给大家带来有用的用户体验实践价值。但我个人看来，这本书汇集了酸甜苦辣咸，五味杂陈，再加上同学们一篇篇的"参赛感悟"作为情感催化剂，已经不是一本书那么简单了，更多是感情的承载，有团队、评委、导师、推荐人、东哥、出版社、设计方……包括自己等很多为大赛奉献的人投入的各种情感所在，这让我萌发自己以后也要出一本书的念头……

好啦，就说到这里了，我们也开始着手准备《用户体验最佳实践：中国用户体验设计大赛作品精选（第二季）》，相信有了这一次的"实战经验"，来年的出版应该会顺利很多。

张宇筝
用户体验设计大赛项目经理
2017年8月于上海

致谢

《用户体验最佳实践：中国用户体验设计大赛作品精选（第一季）》经过长久的沉淀，得以上市，在此衷心地感谢：

作品整理：
张明亮　李凌霄

文字编排：
刘　燕　魏芳程　黄雪娜　李晴莎　许凯纯

封面设计初始方案：
陈鹏

书籍设计指导：
李成成

你们的工作给《用户体验最佳实践：中国用户体验设计大赛作品精选（第一季）》带来了巨大的帮助。

谢谢你们！祝你们生活愉快！